中华文明

中国文化百科

天文

天文探索成就

牛　月　编著　胡元斌　丛书主编

U0740665

汕头大学出版社

图书在版编目（CIP）数据

天文：天文探索成就 / 牛月编著. -- 汕头：汕头
大学出版社，2015.2 （2020.1重印）
（中国文化百科 / 胡元斌主编）
ISBN 978-7-5658-1619-2

Ⅰ. ①天… Ⅱ. ①牛… Ⅲ. ①天文学史－中国 Ⅳ.
①P1-092

中国版本图书馆CIP数据核字(2015)第020774号

天文：天文探索成就　　　　　TIANWEN：TIANWEN TANSUO CHENGJIU

编　著：牛　月
丛书主编：胡元斌
责任编辑：邹　峰
封面设计：大华文苑
责任技编：黄东生
出版发行：汕头大学出版社
　　　　　广东省汕头市大学路243号汕头大学校园内　邮政编码：515063
电　话：0754-82904613
印　刷：三河市燕春印务有限公司
开　本：700mm×1000mm　1/16
印　张：7
字　数：50千字
版　次：2015年2月第1版
印　次：2020年1月第2次印刷
定　价：29.80元
ISBN 978-7-5658-1619-2

前　言

　　中华文化也叫华夏文化、华夏文明，是中国各民族文化的总称，是中华文明在发展过程中汇集而成的一种反映民族特质和风貌的民族文化，是中华民族历史上各种物态文化、精神文化、行为文化等方面的总体表现。

　　中华文化是居住在中国地域内的中华民族及其祖先所创造的、为中华民族世世代代所继承发展的、具有鲜明民族特色而内涵博大精深的传统优良文化，历史十分悠久，流传非常广泛，在世界上拥有巨大的影响。

　　中华文化源远流长，最直接的源头是黄河文化与长江文化，这两大文化浪涛经过千百年冲刷洗礼和不断交流、融合以及沉淀，最终形成了求同存异、兼收并蓄的中华文化。千百年来，中华文化薪火相传，一脉相承，是世界上唯一五千年绵延不绝从没中断的古老文化，并始终充满了生机与活力，这充分展现了中华文化顽强的生命力。

　　中华文化的顽强生命力，已经深深熔铸到我们的创造力和凝聚力中，是我们民族的基因。中华民族的精神，也已深深植根于绵延数千年的优秀文化传统之中，是我们的精神家园。总之，中国文化博大精深，是中华各族人民五千年来创造、传承下来的物质文明和精神文明的总和，其内容包罗万象，浩若星汉，具有很强文化纵深，蕴含丰富宝藏。

　　中华文化主要包括文明悠久的历史形态、持续发展的古代经济、特色鲜明的书法绘画、美轮美奂的古典工艺、异彩纷呈的文学艺术、欢乐祥和的歌舞娱乐、独具特色的语言文字、匠心独运的国宝器物、辉煌灿烂的科技发明、得天独厚的壮丽河山，等等，充分显示了中华民族厚重的文化底蕴和强大的民族凝聚力，风华独具，自成一体，规模宏大，底蕴悠远，具有永恒的生命力和传世价值。

在新的世纪，我们要实现中华民族的复兴，首先就要继承和发展五千年来优秀的、光明的、先进的、科学的、文明的和令人自豪的文化遗产，融合古今中外一切文化精华，构建具有中国特色的现代民族文化，向世界和未来展示中华民族的文化力量、文化价值、文化形态与文化风采，实现我们伟大的"中国梦"。

习近平总书记说："中华文化源远流长，积淀着中华民族最深层的精神追求，代表着中华民族独特的精神标识，为中华民族生生不息、发展壮大提供了丰厚滋养。中华传统美德是中华文化精髓，蕴含着丰富的思想道德资源。不忘本来才能开辟未来，善于继承才能更好创新。对历史文化特别是先人传承下来的价值理念和道德规范，要坚持古为今用、推陈出新，有鉴别地加以对待，有扬弃地予以继承，努力用中华民族创造的一切精神财富来以文化人、以文育人。"

为此，在有关部门和专家指导下，我们收集整理了大量古今资料和最新研究成果，特别编撰了本套《中国文化百科》。本套书包括了中国文化的各个方面，充分显示了中华民族厚重文化底蕴和强大民族凝聚力，具有极强的系统性、广博性和规模性。

本套作品根据中华文化形态的结构模式，共分为10套，每套冠以具有丰富内涵的套书名。再以归类细分的形式或约定俗成的说法，每套分为10册，每册冠以别具深意的主标题书名和明确直观的副标题书名。每套自成体系，每册相互补充，横向开拓，纵向深入，全景式反映了整个中华文化的博大规模，凝聚性体现了整个中华文化的厚重精深，可以说是全面展现中华文化的大博览。因此，非常适合广大读者阅读和珍藏，也非常适合各级图书馆装备和陈列。

目 录

天文仪器

天象记载

　　我国是世界上天文学起步最早、发展最快的国家之一。几千年来积累了大量宝贵的天文资料，受到各国天文学家的注意。就文献数量来说，天文学可与数学并列，仅次于农学和医学，是构成我国古代最发达的4门自然科学之一。

　　从我国古代的天象记载可以看出，我国古人是全世界最坚毅、最精确的天文观测者。比如世界上最初发现的彗星，其近似轨道就是根据我国的观测推算出来的，彗星的记载，也是我国古人自己最先根据历代史书的记载进行汇编的。

古代天文学的发展

天文最开始是在古代祭祀里出现的。古代尤其是上古时期，科学不发达，对大自然没有足够的了解，绝大部分的人认为是有超自然的力量存在的，所以出现了神灵崇拜，而天文学是伴随着这样的背景出现的。

在长期的发展过程中，我国古代天文学屡有革新的优良历法、令人惊羡的发明创造、卓有见识的宇宙观等，在世界天文学发展史上，占据重要的地位。

　　任何一个民族，在其历史发展的最初阶段，都要经历物候授时过程。也许在文字产生以前，我们的祖先就知道利用植物的生长和动物的行踪情况来判断季节，这是早期农业生产所必备的知识。

　　物候虽然与太阳运动有关，但由于气候的变幻莫测，不同年份相同的物候特征常常错位几天或者10多天，比起后来的观象授时要粗糙多了。

　　《尚书·尧典》描述：

　　　　远古的人们以日出正东和初昏时鸟星位于南方子午线标志仲春，以太阳最高和初昏时大火位于南方子午线标志仲夏，以日落正西和初昏时虚星位于南方子午线标志仲秋，以太阳最低和初昏时昴星位于南方子午线标志仲冬。

　　物候授时与观象授时都属于被动授时，当人们对天文规律有更多的了解，尤其是掌握了回归年长度以后，就能够预先推断季节，历法便应运而生了。

在春秋战国时期，曾流行过黄帝、颛顼、夏、商、周、鲁6种历法，是当时各诸侯国借用颁布的历法。它们的回归年长度都是365日，但历元不同，岁首有异。

在春秋战国500多年间，政权的更迭比较频繁，星占家们各事其主，大行其道，引起了王侯对恒星观测的重视。我国古代天文学从而形成了历法和天文两条主线。

西汉至五代时期是我国古代天文学的发展、完善时期。从西汉时期的《太初历》至唐代的《符天历》，我国历法在编排日历以外，又增添了节气、朔望、置闰、交食和计时等多项专门内容，体系越加完善，数据越加精密，并不断发明新的观测手段和计算方法。

比如，十六国时后秦学者姜岌，以月食位置来准确推算太阳位置；隋代天文学家刘焯在《皇极历》中，用等间距二次差内插法来处理日、月运动的不均匀性；唐代天文学家一行的《大衍历》，显示了我国古代历法已完全成熟。

继西汉时期民间天文学家落下闳研究成果以后，浑仪的功能随着环的增加而增加，至唐代天文学家李淳风研究时，已能用一架浑仪同时测出天体的赤道坐标、黄道坐标和白道坐标。

天文仪器是测定历法所需数据和检验历法优劣的工具，它的改良也促进了天文观测的进步，岁差和日月行星不均匀性等发现都先后引入历法计算。

除了不断提高恒星位置测量精度外，天文官员们还特别留心记录奇异天象发生的位置和时间，其实后者才是朝廷帝王更为关心的内容。这个传统成为我国古代天文学的一大特色。

我国古代3种主要的宇宙观，起源于春秋战国时期的"百家争鸣"。秦代以后的1000多年中，在它们的基础上又派生出许多支系，后来浑天说以其解释天象的优势，取代了盖天说而上升为主导观念。

魏晋南北朝时期，天文学仍有所发展。南北朝时代的科学家祖冲之完成的《大明历》是一部精确度很高的历法，如它计算的每个交点月日数已经接近现代观测结果。

隋唐时期，又重新编订历法，并对恒星位置进行重新测定。一行、南宫说等天文学家进行了世界上最早对子午线长度的实测。人们根据天文观测结果，绘制了一幅幅星图，反映了我国古代在星象观测上的高超水平。

宋代和元代为我国天文学发展的鼎盛时期。这期间颁行的历法最多，数据最精；同时，大型仪器最多，恒星观测也最勤。

宋元时期颁行的历法达25部。它们各有特色，其中元代天文学家

郭守敬等人编制的授时历性能最优，连续使用了360年，达到我国古代历法的巅峰。

这些历法的数据已经越来越趋于精准。许多历法的回归年长度和朔望月值已与现代理论值相差无几，在世界处于领先地位。

这一时期出现了大型天文仪器。宋代拥有水运仪象台和4座大型浑仪，元代郭守敬还创制了简仪和高表。其中宋代天文学家、天文机械制造家苏颂的水运仪象台，集观测、演示、报时于一身，是当时世界上最优秀的天文仪器。

在恒星观测方面，这一时期的天文学家表现出高度重视，先后组织了5次大型恒星位置测量，平均不到20年进行一次大规模恒星观测。

明清时期，在引进西方天文历法知识的基础上，我国古代传统天文历法得到了新的发展，取得了不少新的成就。

明代科学家徐光启组织明代"历局"工作人员编制了完备的恒星图，并采用新的测算法，更精密地预测日食和月食；他主持编译的《崇祯历书》是我国天文历法中的宝贵遗产。

明末清初历算学家王锡阐著有《晓庵新法》等10多种天文学著作，促进了我国古代历算学的发展。他精通中西历法，首创日月食的初亏和复圆方位角的计算方法；其计算昼夜长短和月球、行星的视直径等方法，有许多和现在球面天文学中的方法完全相同；所创金星凌日计算方法，达到十分精确的程度，在当时世界上也是独一无二的。

梅文鼎是清初著名的天文学家、数学家，为清代"历算第一名家"和"开山之祖"。他的《古今历法通考》是我国第一部历学史。

这一时期，天文知识的发展在航海中得到广泛应用，这是由明代前期郑和船队7次下西洋的伟大航行所促成的。在《郑和航海图》中，从苏门答腊往西途中所经过的地点，共有64处当地所见北辰星和华盖星地平高度的记录，这是航海中利用了天文定位法的明证。

在《郑和航海图》中，还有4幅附图，称为"过洋牵星图"，它以图示的方法标出船队经印度洋某些地区时所见若干星辰的方位和高度角，这就更具体和形象地表明当时人们由测量星辰的地平坐标以确定船位的天文方法。

类似的记录，还见于清代初期的《顺风相送》一书中，说明天文定位法在明清时期得到了广泛的应用。在《顺风相送》中，还有关于观测太阳出没以确定方向的方法，它是以歌诀的形式表达的，是民间通用的一种天文导航法。用来观测星辰方位角的仪器的是指南针，而观测星辰的高度角的仪器叫"牵星板"。通过牵星板测量星体高度，可以找到船舶在海上的位置。

拓展阅读

郑和船队在航海中，使用了成熟的一整套"过洋牵星"的航海术，对天文导航科学作出了重大贡献。

使用时，观测者左手执牵星板一端向前伸直，使牵星板与海平面垂直，让板的下缘与海平面重合，上缘对着所观测的星辰，这样便能测出星体离海平面的高度。

在测量高度时，可随星体高低的不同，以几块大小不等的牵星板和一块长2寸、四角皆缺的象牙块替换调整使用，直至所选之板上边缘和所测星体相切，由此确定这个星体的高度。

古代天文学的思想成就

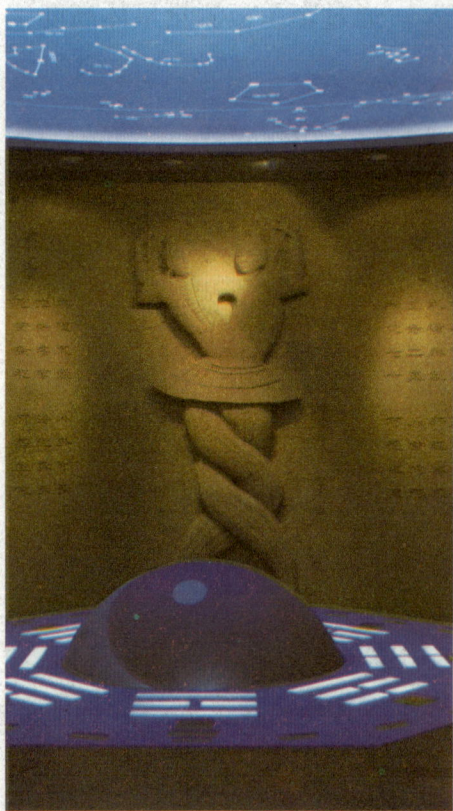

天文学思想是对天文学家的思维逻辑和研究方法长期起主导作用的一种意识。我国古代天文学思想，同儒家思想，以及与之互相渗透的佛教、道教思想都有着密切的联系。

我国古代天文学的思想成就，体现在星占术的理论和方法、独特的赤道坐标系统、宇宙结构的探讨、阴阳五行学说与天文历法的关系、干支理论等方面，从而形成了具有鲜明特色的我国古代天文学思想体系。

我国古代星占涉及日占和月占、行星占、恒星占、彗星占，以及天文分野占。它们一同构成了我国古代星占理论，在我国古代社会有着重要的影响。我国星占术有三大理论支柱，这就是天人感应论、阴阳五行说和分野说。

天人感应论认为天象与人事密切相关，正如《易经》里所说的"天垂象，见吉凶"，"观乎天文以察时变"。

阴阳五行说把阴阳和五行两类朴素自然观与天象变化和"天命论"联系起来，以为天象的变化乃阴阳作用而生，王朝更替相应于五德循环。

分野说是将天区与地域建立联系，发生于某一天区的天象对应于某一地域的事变。

这些理论和方法的建立，决定了我国星占术的政治意味和宫廷星占性质，也造就了我国古代天文学的官办性质，从而有巨大的财力和物力保证，促使天象观察和天文仪器研制得以发展。

在具有原始意味的天神崇拜和唯心主义的星占术流行的时代，甚至在占主导地位的时候，反天命论的一些唯物主义思想也在发展。

不少思想家提出了反天命、反天人感应的观点，指导人们探求天体本身的规律，研讨与神无关的客观的宇宙。那些美丽的神话传说，如"开天辟地"、"后羿射日"、"夸父追日"、"嫦娥奔月"等，都反映

了人们力图征服自然改造自然的向往和追求。

日月星占是我国古代比较典型的星占，它们所涉及的范围很广。例如，太阳上出现黑子、日珥、日晕，太阳无光，二日重见等。

另外，古人对日食的发生也很重视，天文学家都在受命进行严密监视。日食出现的方位、在星空中的位置、食分的大小和日全食发生后周围的状况，都是人们所关注的大事。

《晋书·天文志》在记载日食与人间社会的关系时，认为食即有凶，常常是臣下纵权篡逆，兵革水旱的应兆。

古人认为，既然发生了日食，这便是凶险不祥的征兆，天子和大臣不能眼看着人们受灾殃，国家破败，故想出各种补救的措施，以便回转天心。天子要思过修德，大臣们要进行禳救活动。

《乙巳占》记载的禳救的办法是这样的：当发生日食的时候，天子穿着素色的衣服，避居在偏殿里面，内外严格戒严。皇家的天文官员则在天文台上密切地监视太阳的变化。

当看到了日食时，众人便敲鼓驱逐阴气。听到鼓声的大臣们，都裹着赤色的头巾，身佩宝剑，用以帮助阳气，使太阳恢复光明。有些较开明的皇帝还颁罪己诏，以表示思过修德。

月占的情况与日占大同小异，由于月食经常可以看到，故后人就较少加以重视了。不过，月食发生时，占星家比较看重月食发生在恒星间的方位，关注其分野所发生的变化。

行星占又称为"五星占"。五星的星占在所有的星占中占有极重要的位置。除掉日月以外，在太阳系内人们用肉眼所见能作有规律的周期运动的，就只有五大行星。自春秋战国至明代，五星一直是占星家重要的占卜对象。

由于我国古代五行思想十分流行，五星也就自然地与五行观念相附会，连5颗星的名字也与五行的名称一致。

　　行星占包括的范围极广，有行星的位置推算和预报，有行星的凌犯观测，有行星的颜色、大小、光芒、顺逆等的观测。古人以为，五大行星各有各的特性，它们在天空的出现，各预示着一种社会治乱的情况。

　　例如：木星为兴旺的星，故木星运行至某国所对应的方位该国就会得到天助，外人不能去征伐它，如果征伐它，必遭失败之祸；火星为贼星，它的出现，象征着动乱、贼盗、病丧、饥饿等，故火星运行到某国所对应的方位，该国人民就要遭灾殃。

　　金星是兵马的象征，它所居之国象征着兵灾、人民流散和改朝换代；水星是杀伐之星，它所居之国必有杀伐战斗发生；土星是吉祥之星，土星所居之国必有所收获。

　　恒星也有独立的占法，大致可分为二十八宿占和中官占、外官占。占星家不停地对各种星座进行细致的观察，观看其有无变动。一有动向，便预示着人间社会的一种变化。

　　占星家认为，尾星是主水的，又是主君臣的，当尾星明亮时，皇帝就有喜事，五谷丰收，不明时，皇帝就有忧虑，五谷歉收。如果尾星摇动，就会出现君臣不和的现象。

　　又如，天狼星的颜色发生变化，就说明天下的盗贼比较多。南方的老人星出现了，就是天下太平的象征，

看不到老人星，就有可能出现兵乱。

在我国古代的星占理论中，彗星的出现，差不多均被看作灾难的象征。

天文分野占也是古代星占理论的一部分。我国古代占星家为了用天象变化来占卜人间的吉凶祸福，将天上星空区域与地上的国州互相对应，称作"分野"。

我国古代占星术认为，地上各州郡邦国和天上一定的区域相对应，在该天区发生的天象预兆各对应地方的吉凶。这种天区与地域对应的法则，便是分野理论。

有关分野的观念，起源很早。《周礼·春官·宗伯》就有"以星土辨九州之地"，以观"天下之妖祥"的记载。就已经开始将天上不同的星宿，与地上不同的州、国一一对应起来了。

天上的分区，大致是以二十八宿配十二星次，地上则配以国家或地区。

古籍中天文地理分野的记载很多，比如在《汉书·地理志》中，记载春秋战国时期天文地理分野是：魏地，觜、参之分野；周地，柳、七星、张之分野；韩地，角、亢、氐之分野；赵地，昂、毕之分野；燕地，尾、箕分野；齐地，虚、危之分野；宋地，房、心之分野；卫地，营室、东壁之分野；楚地，翼、轸之分野；吴地，斗分野；粤地，牵牛、婺女之分野。

事实上，天地对应关系的分组，并没有一个固定的模式。比如《史记·天官书》中对恒星分野只列出8个国家，除地域与恒星对应外，还记载了五星与国家的对应关系。

在天与地的对应关系建立以后，占星就有了一个基础。这样，当天上某个区域或星宿出现异常天象时，它所反映出的火灾、水灾、兵灾、瘟疫等，就有一个相应的地域可以预言。

世界上不同的民族、不同的国家，都选用不同的方法去认识天空现象。这不同的方法认识的结果，是产生了世界学术界公认的3种天球坐标系，即我国的赤道坐标系统，阿拉伯的地平坐标系统，希腊的黄

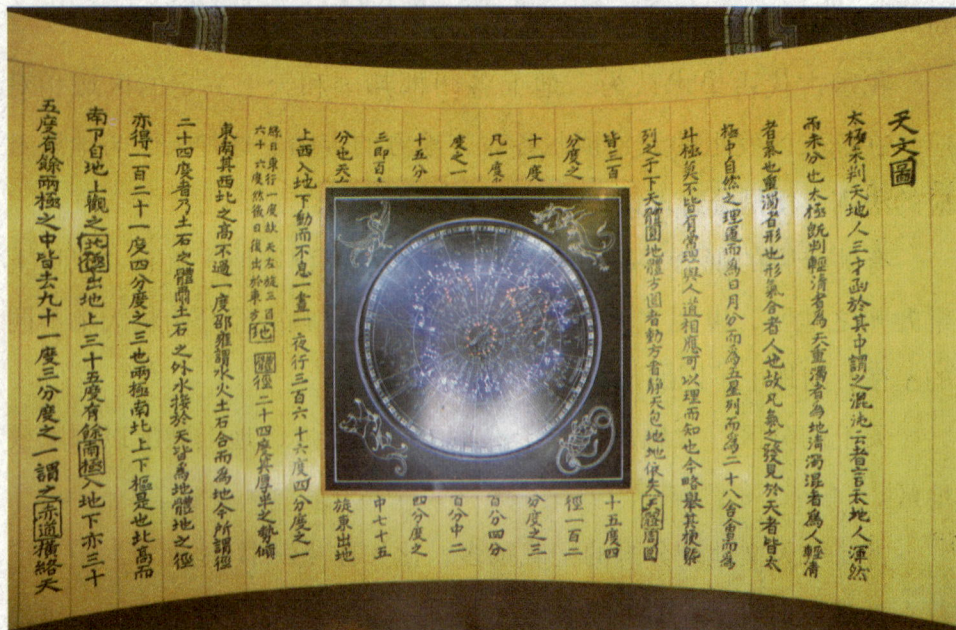

道坐标系统。

　　3种天球坐标系与生俱来的差异，决定了它们在实地观测中空间取向上的差异。这种差异体现出了赤道坐标系的独特性，同时也体现了我国古代天文学的独特性。

　　我国古代天文学的赤道坐标系，是用于对整个天地的划分，赤经、赤纬是不变的，依据天极、赤道划分的南北东西也是固定的。

　　它不同于阿拉伯系统所使用的那种地平坐标系，因为它是以观测者为中心来确定天顶和天底，地平经度与地平纬度随观测者所在地不同而不同，依据天顶、天底、地平圈划分的南北东西也是随之变化的。

　　赤道坐标系以天极为中心来划分东南西北4个方位，是将整圈赤道等分为4等；以天顶为中心来划分东南西北4个方位，划分的是以观测者为中心的东南西北4个方位。

比如殷商时主要活动地域是河南一带，如果以被古人视为"地中"的阳城为中心来划分方位，划分的就是中华大地的东西南北中。

依据赤道坐标系的十二辰而制定的"十二支"历法为例，如果将"十二支"认作"地平十二支"，就会在地平坐标系内探询十二支的空间取向。比如以阳城为中心来划分12个方位，在中华大地的东、西、南、北、中地域探询十二支的时空依据。

中华大地的东、西、南、北、中是无法确定出360度的，只有赤道坐标系所界定的整个天地的十二时辰才是十二支的真正归宿。

现今天文学中以英国格林尼治本初子午线为基准的一天24小时划分，与我国古代历法的一天十二时辰直接对应；现代天文学的赤道大圆360度与我国古代天文学的二十八宿如出一辙。现代南北两个半球的划分是依据赤道一分为二的。

这些都体现出现代天文学是对我国古代天文学赤道坐标系的承传，并证实了我国古代赤道坐标系是用于对整个天地的划分。

我国古代独特的赤道坐标系统的实在性和科学性，蕴涵着古代先哲们对时间、空间与物质世界科学认知的思想精华，对认识宇宙具有重大意义。

关于宇宙的结构，自古

就引起人们的思考，涌现了许多讨论天地结构的学说。其中最重要的就是形成于汉代的盖天说、浑天说和宣夜说。

盖天说是我国最古老的讨论天地结构的体系。早期的盖天说认为，天就像一个扣着的大锅覆盖着棋盘一样的大地。

后来盖天家又主张，天像圆形的斗笠，地像扣着的盘子，两者都是中间高四周低的拱形。这种盖天说既能克服"天圆地方"说的缺点，也能解释很多具有争议的天象。

浑天说在我国天文学史上占有重要的地位，对我国古代天文仪器的设计与制造产生了重大的影响，如浑仪和浑象的结构就和浑天说有着密切的联系，对天文学的有关理论问题的解释也产生了重大影响。

汉代科学家张衡在《浑天仪注》一文中写道：

浑天如鸡子，天体圆如弹丸。地如鸡子中黄，孤居于内，天大地小……天之包地如壳之裹黄。

意思是说，天就像一个鸡蛋，大地像其中的蛋黄，天包着地如同蛋壳包着蛋黄一样。这是对浑天说的经典论述之一。

盖天说和浑天说中的日月星辰都有一个可供附着的天壳，盖天说的附着在天盖上，浑天说的附着在像蛋壳一样的天球上，都不用担心会掉下来。

后来人们观测到日月星辰的运动各自不同，有的快、有的慢，有的甚至在一段时间中停滞不前，根本就不像附着在一个东西上。所以就又产生了一种新的理论，这就是宣夜说。

宣夜说主张，天是无边无涯的气体，没有任何形质，我们之所以看天有一种苍苍然的感觉，是因为它离我们太遥远了。日月星辰自然地飘浮在空气中，不需要任何依托，因此它们各自遵循自己的运动规律。宣夜说打破了天的边界，为我们展示了一个无边无际的广阔的宇宙空间。

在恒星命名和天空区划方面，各种思想意识的影响就更加明显。古代星名中有一部分是生产生活用具和一些物质名词，如斗、箕、毕、杵、臼、斛、仓、廪、津、龟、鳖、鱼、狗、人、子、孙等，这可能是早期的产物。大量的古星名是人间社会里各种官阶、人物、国家的名称，可能是随着奴隶制和封建制的建立和完善，以及诸侯割据的局面而逐渐形成的。

天空区划的三垣二十八宿，其二十八宿的名称与三垣名称显然是两种体系，它们所占天区的位置也不同。这都反映了不同的思想意识的影响。

在我国古代天文学思想中，应该提及的是古代天文学家探求原理的思想。我国古代科学家很早就努力探索天体运动的原理了。如沈括对不是每次朔都发生食的解释，郭守敬对日月运动追求三次差四次差的改正，明清学者对中西会通的研究，都体现了探求原理的思想。

在近代科学诞生之前，对于东西方古代天文学家来说，没有近代科学和万有引力定律的理论武装，要探求天体运动的原理都不会成功的。但我国古代历法中，许多表格及计算方法都可以找到几何学上的解释。这一点足见我国古人的才智。此外，我国古代天文学家对许多天象都有深刻的思考并力图予以解释。

战国末期楚国辞赋家屈原在《天问》中提出了天地如何起源，月亮为何圆缺，昼夜怎样形成等大量问题；盖天说和浑天说都努力设法解释昼夜、四季、天体周日和周年视运动的成因，对日月不均匀运动也曾以感召向背的理由给予解释。

尽管他们是不成功的或缺乏科学根据的，但不能因为不成功而否定他们的努力。探索原理的

思想几千年来一直在指导我国古代科学家们的工作。

我国古代的天文历法，就是在阴阳五行学说的协助下发展起来的。我国古代有很多与"气"有关的概念，如节气、气候、气化、气势、气质、运气等。如果仔细分析这些概念就会发现，气是有属性的，在宇宙间没有无属性的中性的气存在。

气由阳气和阴气组成。后世将阴阳作为哲学概念应用得十分广泛，但追本求源，阴阳的观念最早只是起源于历法和季节的变化。

古人以为，气候的变化是由于阴阳二气的作用，阳气代表热，阴气代表冷。宇宙间阴阳二气相互作用，发生交替的变化，便反映在一年四季的变化上。

夏季较炎热时，属于纯阳。冬季较寒冷时，属于纯阴。阳气和阴气互为消长，春季阳气则增长，而阴气则衰弱。

当阳气达到极盛时就是夏至，由此发生逆转，阴气渐升，阳气下降；当阴气达到极盛时就是冬至，这时再次发生逆转，阳气上升，阴气下降，完成了一个周期的交替变化。

五行是指木、火、土、金、水5种物质。在我国古代，人们对于五行的看法与后世哲学上的五行几乎完全不同。

古人认为，五行就是一年或一个收获季节中的5个时节。这一说法在上古文献中记载更直接。

例如，《吕氏春秋》就把五行直接称为五气，也就是将一年分为5个时节之义。又如，《左传·昭公元年》记载：年"分为四时，序为五节。"而《管子·五行篇》则说："作立五行，以正天时，五官以正人位。"可见上古均是将五行解释成时节或节气。

古人用直观的5种物质的名称给5种太阳行度命名，就如以十二生肖给日期命名一样，符合古人朴素的思想观念。

五行之间的生克制化，同样具有天文学意义。五行相生，又叫"生数序五行"，其含义是后一个行是由前一个行生出来的，以至于逐个相生，形成一个循环系列，周而复始。五行相生是五行观念中使用最普遍，发展最成熟的一种排列方式。

按照《春秋繁露·五行之义》的说法，木是五行的开始，水是五行的终了，土是五行的中间。木生火，火生土，土生金，金生水，水又生木。木行居东方而主春气，火居南方而主夏气，金居西方而主秋气，水居北方而主冬气。所以木主生而

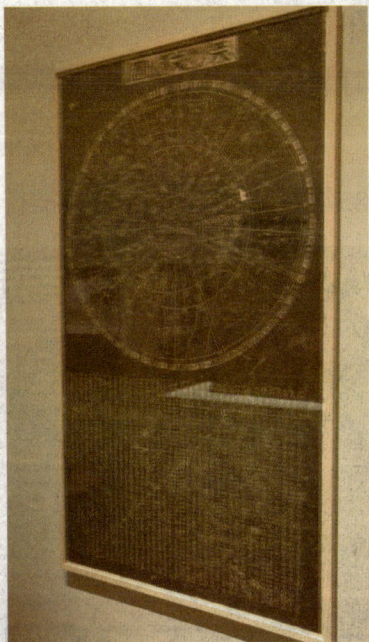

金主杀，火主热而水主寒。

这是上古各类文献中，有关生数五行定义的通常说法，可见古人设立五行，开始时并不是为了解决哲学问题，而是借助5种物质的名称来作为一年中5个季节的名称。

木行就是一年中开始的第一个季节，相当于春季；火行为第二个季节，相当于夏季；土行为第三季，介于夏秋之间；金行为第四个季节，相当于秋季；水行为第五个季节，相当于冬季。

干支理论是我国古代思想家的一大杰出贡献，尽管当时对天体运行及其结构缺乏科学的了解，但已经在天文学、哲学领域有了相当深入的研究，并取得了后世无法企及的成就。

天干地支，简称"干支"，又称"干枝"。天干的数目有10位，它们的顺序依次是：甲、乙、丙、丁、戊、己、庚、辛、壬、癸。地支的数目有12位，它们的顺序依次是：子、丑、寅、卯、辰、巳、午、未、申、酉、戌、亥。天干地支在我国古代主要用于纪年、纪月、纪日和纪时等。

干支纪年萌芽于西汉时期，始行于王莽，通行于东汉后期。公元85年，朝廷下令在全国推行干支纪年。

干支纪年，一个周期的第一年为"甲子"，第二年为"乙丑"，依此类推，60年一个周期；一个周期完了重复使用，周而复始，循环下去。

如1644年为农历甲申年，60年后的1704年同为农历甲申年，300年后的1944年仍为农历甲申年；1864年为农历甲子年，60年后的1924年同为农历甲子年；1865年为农历乙丑年，1925、1985年同为农历乙丑年，以此类推。

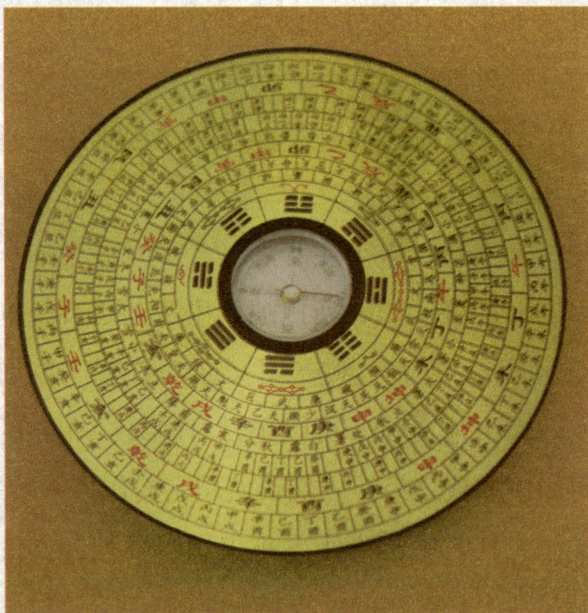

干支纪年是以立春作为一年的开始，是为岁首，不是以农历正月初一作为一年的开始。

干支纪月时，每个地支对应二十四节气自某节气至下一个节气，以交节时间决定起始的一个月期间，不是农历某月初一至月底。

若遇甲或乙的年份，正月大致是丙寅；遇上乙或庚之年，正月大致为戊寅；丙或辛之年正月大致为庚寅，丁或壬之年正月大致为壬寅，戊或癸之年正月大致为甲寅。

依照正月之干支，其余月份按干支推算。60个月合5年一个周期；一个周期完了重复使用，周而复始，循环下去。

干支纪日，60日大致合两个月一个周期；一个周期完了重复使用，周而复始，循环下去。

干支记日比起记载某月某日，其优势是非常容易计算历史事件的日期间隔，以及是否有闰月存在。

由于农历每个月29日或30日不定，而且有没有闰月也不知道，因此，如果日期跨月，则计算将会非常困难。至于某月某日和干支的对应，则可以查万年历。

干支纪时，60时辰合5日一个周期；一个周期完了重复使用，周而复始，循环下去。

干支纪时必须注意的是，子时分为0时至1时的早子时，以及23时至24时的晚子时，所以遇到甲或乙之日，0时至1时是甲子时，但23时至24时是丙子时。晚子时又称"子夜"或"夜子"。

天干地支除了可以纪月日时外，在它的主要序数功能被一二三四等数字取代之后，人们仍然用它们作为一般的序数字。

尤其是甲乙丙丁，不仅用于罗列分类的文章材料，还可以用于日常生活中对事物的评级与分类。

拓展阅读

相传在远古时候，共工和颛顼两人为了争夺天下而战。共工失败后，一气之下跑到了大地的西北角，撞倒了那里的不周山。不周山原是8根擎天柱之一，撞倒之后，西北方的天就塌了，东南方的地也陷了下去。于是，天上的日月星辰都滑向西北方，地上的流水泥沙都流向了东南方。

古人对自然现象的成因不能理解，往往会借助想象，创造出各种神话传说，表达他们对自然界发生的各种现象的揣测。这则神话生动地反映了古人对于天地结构的推测。

古代天象珍贵记录

　　古代天象是指古代对天空发生的各种自然现象的泛称。包括太阳出没、行星运动、日月变化、彗星、流星、流星雨、陨星、日食、月食、激光、新星、超新星、月掩星、太阳黑子等。

　　我国古代天象记录，是我国古代天文学留给我们的一份珍贵遗产。尤其是关于太阳黑子、彗星、流星雨和客星的记载，内容丰富，系统性强，在科学上显示出重要的价值。同时也反映了我国古代天文学者勤于观察、精于记录的工作作风。

　　我们的祖先极其重视对天象的观察和记录，据《尚书·尧典》记载，帝尧曾经安排羲仲、羲叔、和仲、和叔恭谨地遵循上天的意旨行事，观察日月星辰的运行规律，了解掌握人们和鸟兽的生活情况，根据季节变化安排相应事务。

　　尧推算岁时，制定历法，还创造性地提出设置"闰月"，来调整月份和季节。

　　从这里我们也不难看出，在传说中的尧时已经有了专职的天文官，从事观象授时。史载尧生于公元前2214年，去世于公元前2097年，享年117岁。他为我国古代天文事业作出了重要贡献。

　　从尧帝时期开始，我国古代就勤于观察天象，勤于记录。在长期的观察中，古人对太阳黑子、彗星、流星雨、客星，以及天气气象的记载，为我们留下了宝贵的古代天文学遗产，使我们看到了古代的天

空，也感受到古代的天气气象。

黑子，在太阳表面表现为发黑的区域，由于物质的激烈运动，经常处于变化之中。有的存在不到一天，有的可达一个月以上，个别长达半年。这种现象，我们祖先也都精心观察，并且反映在记录上。

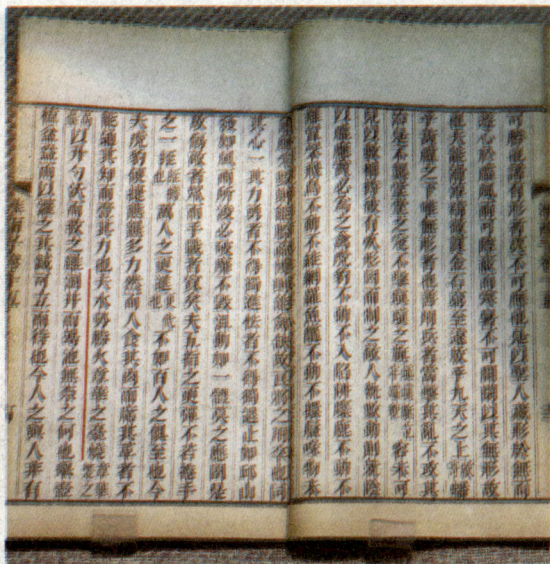

现今世界公认的最早的黑子记事，是约成书于公元前140年的《淮南子·精神训》中，就有"日中有踆乌"的叙述。踆乌，也就是黑子的形象。

比《淮南子·精神训》的记载稍后的，还有《汉书·五行志》引西汉学者京房《易传》记载："公元前43年4月……日黑居仄，大如弹丸。"这表明太阳边侧有黑子呈倾斜形状，大小和弹丸差不多。

太阳黑子不但有存在时间，也有消长过程中的不同形态。最初出现在太阳边缘的只是圆形黑点，随后逐渐增大，以致成为分裂开的两大黑子群，中间杂有无数小黑子。这种现象，也为古代观测者所注意到。

《宋史·天文志》记有："1112年4月辛卯，日中有黑子，乍二乍三，如栗大。"这一记载，就是属于极大黑子群的写照。

据统计，从汉代至明代的1600多年间，我国一些古籍中记载了黑子的形状和消长过程为106次。

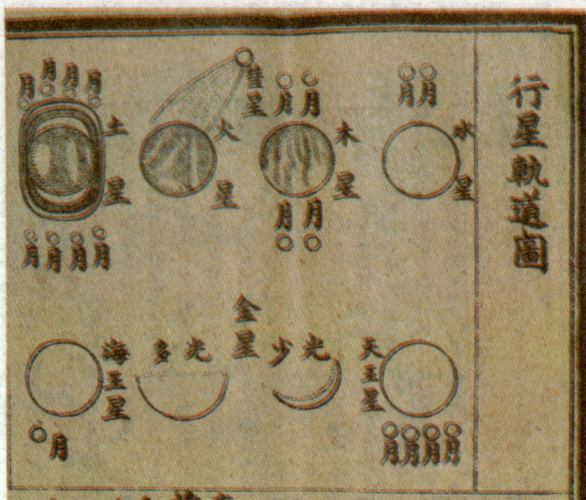

我国很早就有彗星记事，并给彗星以孛星、长星、蓬星等名称。彗星记录始见于《春秋》记载："鲁文公十四年（公元前613年）七月，有星孛入于北斗。"这是世界上最早的一次哈雷彗星记录。

《史记·六国表》记载："秦厉共公十年彗星见。"秦厉共公十年就是周贞定王二年，也就是公元前467年。这是哈雷彗星的又一次出现。

哈雷彗星绕太阳运行平均周期是76年，出现的时候形态庞然，明亮易见。从春秋战国时期至清代末期的2000多年，共出现并记录的有31次。

其中以《汉书·五行志》，也就是公元前12年的记载最详细。书中以生动而又简洁的语言，把气势雄壮的彗星运行路线、视行快慢以及出现时间，描绘得栩栩如生。

其他的每次哈雷彗星出现的记录，也相当明晰精确，分见于历代天文志等史书。

我国古代的彗星记事，并不限于哈雷彗星。据初步统计，从古代至1910年，记录不少于500次，这充分证明古人观测的辛勤。

我们的祖先非常重视彗星，有些虽然不免于占卜，但是观测勤劳，记录不断，使后人得以查询。欧洲学者常常借助我国典籍来推算彗星的行径和周期，以探索它们的回归等问题。我国前人辛劳记录的功绩不可泯灭。

流星雨的发现和记载，也是我国最早，在《竹书纪年》中就有"夏帝癸十五年，夜中星陨如雨"的记载。其最详细的记录见于春秋时期的《左传》："鲁庄公七年夏四月辛卯夜，恒星不见，夜中星陨如雨。"鲁庄公七年是公元前687年，这是世界上天琴座流星雨的最早记录。

我国古代关于流星雨的记录，大约有180次之多。其中天琴座流星雨记录大约有9次，英仙座流星雨大约12次，狮子座流星雨记录有7次。这些记录，对于研究流星群轨道的演变，也是重要的资料。

流星雨的出现，场面相当动人，我国古记录也很精彩。

据《宋书·天文志》记载，南北朝时期宋孝武帝"大明五年……三月，月掩轩辕……有流星数千万，或长或短，或大或小，并西行，至晓而止。"这次流星发生在公元461年。当然，这里的所谓"数千万"并非确数，而是"为数极多"的泛称。

流星体坠落到地面便成为陨石或陨铁，这一事实，我国也有记载。《史记·天官书》中就有"星陨至地，则石也"的解释。至北宋时期，沈括更发现以铁为主要成分的陨石，其"色如铁，重亦如之。"

在我国现在保存的最古年代的陨铁是四川省隆川陨铁，大约是在明代陨落的，1716年掘出，重58.5千克。现在保

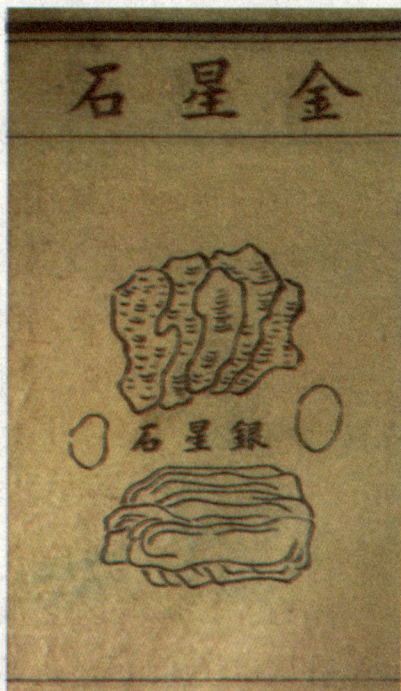

南丹铁陨石
陨落地：广西南丹县里湖乡甲木村西南山坡
这次是陨石雨。
陨落日期：明代正德十一年（公元1516年）
1958年发现。
重　量：680公斤
类　型：粗粒八面体铁陨石（含铁91%镍7%）

存在成都地质学院。

有些星原来很暗弱，大多数是人目所看不见的。但是却在某个时候它的亮度突然增强几千至几百万倍，叫作"新星"；有的增强到一亿至几亿倍，叫作"超新星"。

以后慢慢减弱，在几年或10多年后才恢复原来亮度，好像是在星空做客似的，因此给这样的星起了个"客星"的名字。

在我国古代，彗星也偶尔列为客星；但是对客星记录进行分析整理之后，凡称"客星"的，绝大多数是指新星和超新星。

我国殷代甲骨文中，就有新星的记载。见于典籍的系统记录是从汉代开始的。《汉书·天文志》中有："元光元年六月，客星见于房。"房就是二十八宿里面的房宿，相当于现在天蝎星座的头部。汉武帝元光元年是公元前134年，这是中外历史上有记录的第一颗新星。

自殷代至1700年为止，我国共记录了大约90颗新星和超新星。其中最引人注意的是1054年出现在金牛座天关星附近的超新星，两年以后变暗。

1572年出现在仙后座的超新星，最亮的时候在当时的中午肉眼都可以看见。

《明实录》记载：

> 隆庆六年十月初三日丙辰，客星见东北方，如弹丸……历十九日壬申夜，其星赤黄色，大如盏，光芒四出……十月以来，客星当日而见。

我国的这个记录，当时在世界上处于领先水平。

我国历代古籍中还有天气、气象的记载。

夏代已经推断出春分、秋分、夏至、冬至。东夷石刻连云港将军崖岩画中有与社石相关的正南北线。

商代关注不同天气的不同现象。甲骨文中有关于风、云、虹、雨、雪、雷等天气现象的记载和描述。

西周时期用土圭定方位，并且知道各种气象状况反常与否，均会对农牧业生产造成影响。《诗经·幽风·七月》，记载了天气和气候谚语，有关于物候的现象和知识；《夏小

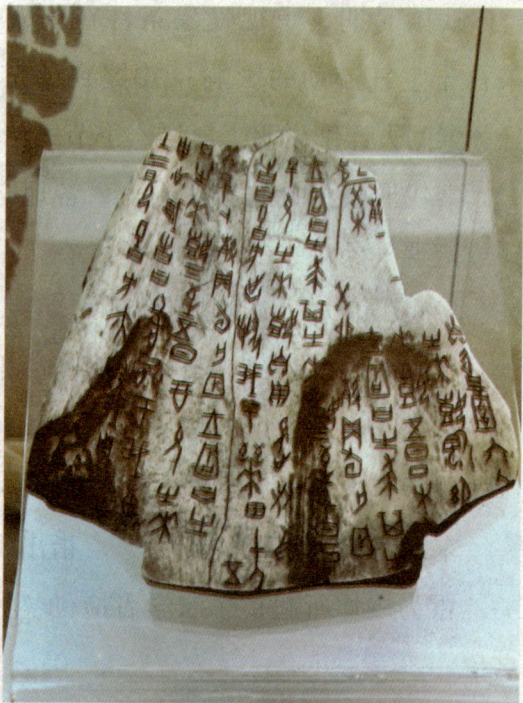

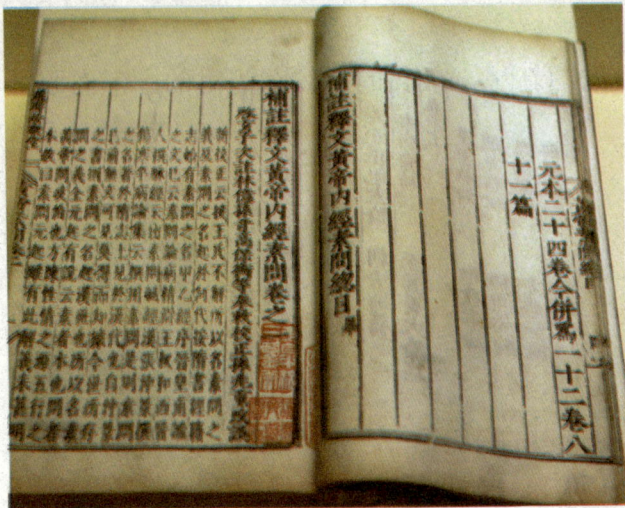

正》是我国最早的物候学著作。

春秋时期，秦国医学家医和开始将天气因素看作疾病的外因；曾参用阴阳学说解释风、雷、雾、雨、露、霰等天气现象的成因。

《春秋》将天气反常列入史事记载；《孙子兵法》将天时列为影响军事胜负的5个重要因素之一；《易经·说卦传》指出"天地水火风雷山泽"八卦代表自然物。

战国时期，重视气象条件在作战中的运用。庄周提出风的形成来自于空气流动的影响，并提到日光和风可以使水蒸发。《黄帝内经·素问》详细说明了气候、季节等与养生和疾病治疗间的关系。

秦代形成相关的法律制度，各地必须向朝廷汇报雨情，以及受雨泽或遭遇气象灾害的天地面积。在《吕氏春秋》将云分为"山云、水云、旱云、雨云"四大类。

汉代列出了与现代名称相同的二十四节气名，并且出现了测定风向及其他天气情况的仪器。西汉时期著名的唯心主义哲学家和经学大师董仲舒指出了雨滴的大小疏密与风的吹碰程度有关。

东汉哲学家王充《论衡》，指出雷电的形成与太阳热力、季节有关，雷为爆炸所起；东汉学者应劭《风俗通义》，提出梅雨、信风等名称。

三国时期，进一步掌握了节气与太阳运行的关系。数学家赵君卿注的《周髀算经》，介绍了“七衡六间图”，从理论上说明了二十四节气与太阳运行的关系。

两晋时期，“相风木鸟”及测定风向的仪器盛行。东晋哲学家姜芨指出贴近地面的浮动的云气在星体上升时，能使星间视距变小，并使晨夕日色发红。晋代名人周处的《风土记》提出梅雨概念。

南北朝时不仅了解了气候对农业生产的影响，还开始探索利用不同的气候条件促进农业生产。

北魏贾思勰《齐民要术》，充分探讨了气象对农业的影响，并提出了用熏烟防霜及用积雪杀虫保墒的办法；北魏《正光历》，将七十二气候列入历书；南朝梁宗懔《荆楚岁时记》，提出冬季“九九”为一年里最冷的时期。

隋唐及五代时期，医学家王冰根据地域对我国的气候进行了区域划分，这是世界上最早提出气温水平梯度概念的。隋代著作郎杜台卿《玉烛宝典》，摘录了隋以前各书所载节气、政令、农事、风土、典故等，保存了不少农业气象佚文；唐代天文学家李淳风《乙巳占》，记载测风仪的构造、安装及用法。

宋代对于气象的认识更为丰富和详细，在雨雪的预测及测算方面更为精确。

北宋地理学家沈括的《梦溪笔谈》中，涉及有关气象的如峨眉宝光、闪电、雷斧、虹、登州海市、羊角旋风、竹化石、瓦霜作画、雹之形状、行舟之法、垂直气候带、天气预报等；南宋绍兴秦九韶《数书九章》，列有4道测雨雪的算式，说明如何测算平地雨雪的深度。

清代译著《测候丛谈》，采用"日心说"，全面介绍了太阳辐射使地面变热以及海风、陆风、台风、哈得来环流、大气潮、霜、露、云、雾、雨、雪、雹、雷、平均值及年、日较差计算法、大气光象等大气现象和气象学理论。

岁月推移，天象更迭。我们祖先辛勤劳动，留下宝贵的天象记录，无一不反映出先人孜孜不倦、勤于观测的严谨态度，无一不闪烁着我们民族智慧的光辉。这些，是我国古代丰富的文化宝库中的一份珍贵遗产，对今后更深刻地探索宇宙规律，都将起到重要的作用。

拓展阅读

尧帝以"敬授民时"活动，促进了我国古代天文事业和农耕文明的进步。

《尚书·尧典》上说，尧派羲仲住在东方海滨叫"旸谷"的地方观察日出，派羲叔住在叫"明都"的地方观察太阳由北向南移动，派和仲住在西方叫"昧谷"的地方观察日落，派和叔住在北方叫"幽都"的地方观察太阳由南向北移动。

春分、秋分、冬至、夏至确定以后，尧决定以366日为一年，每3年置一闰月，用闰月调整历法和四季的关系，使每年的农时正确，不出差误。

历法编订

历法是长时间的纪时系统，是对年、月、日、时的安排。我国的农业生产历史悠久，因为农事活动和四季变化密切相关，所以历法最初是由农业生产的需要而创制的。

此外，新历法与新政权有关，按照我国历代传统，改朝换代要改换新历。

研制新历，改革旧历，历来是推动我国古代天文学发展的一个动力。我国古代制定过许多历法，它们除了为现实生活服务外，在天文历法的认知层面也逐步提高，提出了许多很有价值的创建，产生了重要影响。

致用性的古代历法

所谓历法，简单说就是根据天象变化的自然规律，计量较长的时间间隔，判断气候的变化，预示季节来临的法则。

我国古代历法的最大特点就是它所具有的致用性，也就是为了满足农业生产的需要和意识形态方面的需要而产生的。它所包含的内容十分丰富，如推算朔望、二十四节气、安置闰月等。

当然，这些内容是随着天文学的发展逐步充实到历法中的，而且经历了一个相当长的历史阶段。

我国古代天文学史，在一定意义上来说，就是一部历法改革史。

根据成书于春秋时期的典籍《尚书·尧典》记载，帝尧曾经组织了一批天文官员到东、南、西、北四方去观测星象，用来编制历法，预报季节。

成书年代不晚于春秋时期的《夏小正》中，按12个月的顺序分别记述了当月星象、气象、物候，以及应该从事的农业和其他活动。

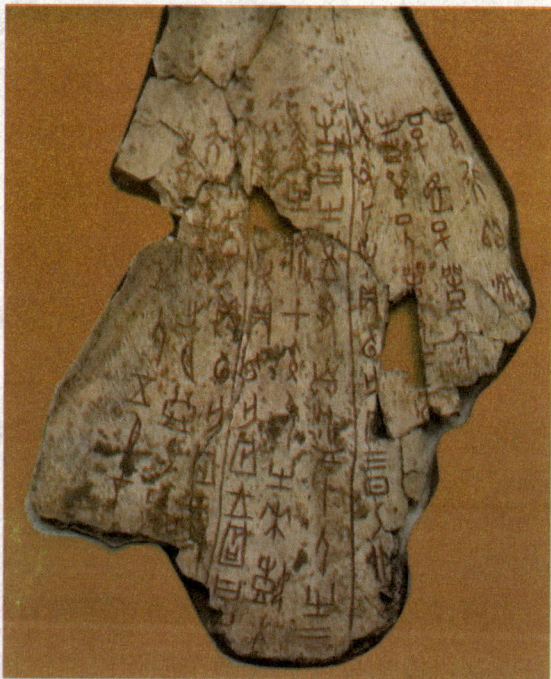

夏代历法的基本轮廓是，将一年分为12个月，除了2月、11月、12月之外，其余每月均以某些显著星象的昏、旦中天、晨见、夕伏来表示节候。

这虽然不能算是科学的历法，但称它为物候历和天文历的结合体是可以的，或更确切地说，在观象授时方面已经有了一定的经验。

《尚书·尧典》中也记载了古人利用显著星象于黄昏出现在正南天空来预报季节的方法，这就是著名的"四仲中星"。即认识4个时节，对一年的节气进行准确的划分，并将其运用到社会生产当中。可见，至迟在商末周初人们利用星象预报季节已经有相当把握了。

在干支纪日方面，夏代已经有天干纪日法，即用甲、乙、丙、丁、戊、己、庚、辛、壬、癸10天干周而复始地纪日。

商代在夏代天干纪日的基础上，发展为干支纪日，即将甲、乙、丙、丁等10天干和子、丑、寅、卯等12地支顺序配对，组成甲子、乙丑、丙寅、丁卯等60干支，60日一周期循环使用。

学者们对商代历法较为一致的看法是：商代使用干支纪日、数字纪月；月有大小之分，大月30日，小月29日；有闰月，也有连大月；闰月置于年终，称为"十三月"；季节和月份有较为固定的关系。

周代在继承和发展商代观象授时成果的基础上，将制定历法的工作推进了一步。周代已经发明了用土圭测日影来确定冬至和夏至等重要节气的方法，这样再加上推算，就可以将回归年的长度定得更准确了。

周代的天文学家已经掌握了推算日月全朔的方法，并能够定出朔日，这可以从反映周代乃至周代以前资料的《诗经》中得到证实。

该书的《小雅·十月之交》记载：

十月之交，朔月辛卯，日有食之。

"朔月"两字在我国典籍中这是首次出现，也是我国第一次明确地记载公元前776年的一次日食。

至春秋末至战国时代，已经定出回归年长为365日，并发现了19年设置7个闰月的方法。在这些成果的基础上，诞生了具有历史意义的科学历法"四分历"。战国时期至汉代初期，普遍实行四分历。

四分历的创制和运用，标志着我国历法已经进入了相当成熟的时期。它不仅集中体现了我国古人的聪明才智和天文历法水平，而且在世界范围内具有非常宝贵的价值。

对四分历的第一次改革，当属西汉武帝时期由邓平、落下闳等人提出的"八十一分律历"。由于汉武帝下令造新历是在元封七年，也就是公元前104年，故把元封七年改为太初元年，并规定以12月底为太初元年终，以后每年都从孟春正月开始，至12月年终。

这部历即叫《太初历》。这部历法朔望长为29日，故称"八十一分法"，或"八十一分律历"。

《太初历》是我国有完整资料的第一部传世历法，与四分历相比其进步之处有：

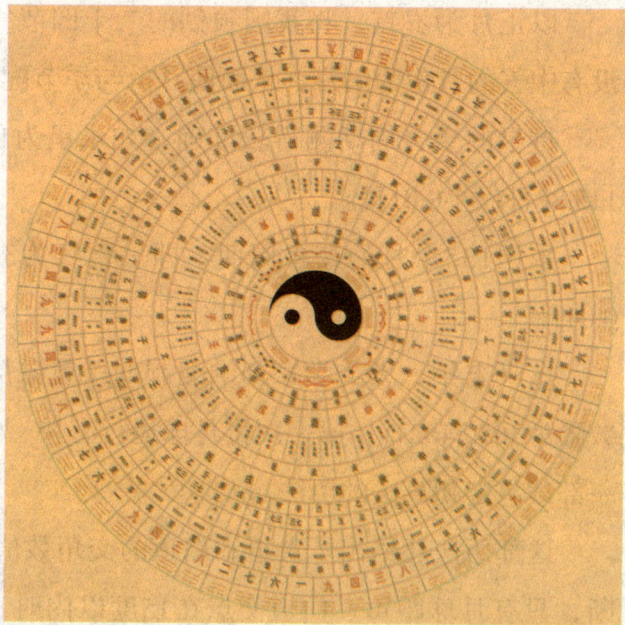

以正月为岁首，将我国独创的二十四节气分配于12个月中，并以没有中气的月份为闰月，从而使月份与季节配合得更合理。

行星的会合周期测得较准确，如水星为115.87日，比现在测量值115.88日仅小0.01日。

采用135个月的交食周期，即一食年为346.66日，比今测值只差0.04日。

东汉末年，天文学家刘洪编制的《乾象历》，首次将回归年的尾数降为365.2462日；第一次将月球运行有快、慢变化引入历法，成为第一部载有定朔算法的历法。

这部历法还给出了黄道和白道的交角数值为6度左右，并且由此推断，只有月球距黄、白道交点在15度以内时，才有可能发生日食，这实际上提出了"食限"的概念。

南北朝时期，天文学家祖冲之首次将东晋虞喜发现的岁差引用到他编制的《大明历》中，并且定出了45年11个月差1度的岁差值。这个数值虽然偏大，但首创之业绩是伟大的。

祖冲之测定的交点月长为27.21223日，与今测值仅差十万分之一。

至隋代，天文学家刘焯在编制《皇极历》时，采用的岁差值较为精确，是75年差1度。刘焯

制定的《皇极历》还考虑了太阳和月亮运行的不均匀性，为推得朔的准确时刻，他创立了等间距的二次差内插法的公式。

这一创造，不仅在古代制历史上有重要意义，在我国数学史上也占重要地位。

唐代值得介绍的历法有《大衍历》和《宣明历》。

唐代天文学家一行在大规模天体测量的基础上，于727年撰成《大衍历》的初稿，一行去世后，由张说和陈玄景等人整理成书。

《大衍历》用定气编制太阳运动表，一行为完成这项计算，发明了不等间二次差内插法。《大衍历》还用了具有正弦函数性质的表格和含有三次差的近似内插法，来处理行星运动的不均性问题。

《大衍历》以其革新号称"唐历之冠"，又以其条理清楚而成为后代历法的典范。

唐代司天官徐昂所编制的《宣明历》颁发实行于822年，是继《大衍历》之后，唐代的又一部优良历法。

它给出的近点月以及交点月日数，分别为27.55455日和27.2122日；它尤以提出日食"三差"，即时差、气差、刻差而著称，这就提高了推算日食的准确度。

宋代在300余年内颁发过18种历法，其中以南宋天文学家杨忠辅编制的《统天历》最优。《统天历》取回归年长为365.2425日，是当时世界上最精密的数值。《统天历》还指出了回归年的长度在逐渐变化，其数值是古大今小。

宋代最富有革新的历法，莫过于北宋时期著名的科学家沈括提出的"十二气历"。我国历代颁发的历法，均将12个月分配于春、夏、秋、冬四季，每季3个月，如遇闰月，所含闰月之季即4个月；而天文学上又以立春、立夏、立秋、立冬4个节令，作为春、夏、秋、冬四季的开始。所以，这两者之间的矛盾在历法上难以统一。

针对这一弊端，沈括提出了以"十二气"为一年的历法，后世称它为《十二气历》。它是一种阳历，它既与实际星象和季节相合，又能更简便地服务于生产活动之中，可惜，由于传统习惯势力太大而未能颁发实行。

我国古代历法，历经各代制历家的改革，至元代天文学家郭

守敬、王恂等人编制的《授时历》
达到了高峰。

郭守敬、王恂等人在编制《授
时历》过程中，既总结、借鉴了
前人的经验，又研制了大批观天
仪器。在此基础上，郭守敬主持并
参加了全国规模的天文观测，他在
全国建立了27个观测点，在当时叫
"四海测验"，其分布范围是空前
的。这些地点的观测成果为制定优
良的《授时历》奠定了基础。

《授时历》创新之处颇多，如
废弃了沿用已久的上元积年；取消
了用分数表示天文数据尾数的旧方
法；创三次差内插法求取太阳每日在黄道上的视运行速度和月球每日
绕地球的运转速度；用类似于球面三角的弧矢割圆术，由太阳的黄经
求其赤经、赤纬，推算白赤交角等。

《授时历》于1280年制成，次年正式颁发实行，一直沿用至1644
年，长达360多年，足见《授时历》的精密。

崇祯皇帝接受礼部建议，授权徐光启组织历局，修订历法。

徐光启除选用我国制历家之外，还聘用了耶稣会士邓玉函、罗雅
谷、汤若望等人来历局工作。历经5年的努力，撰成46种137卷的《崇
祯历书》。

该历书引进了欧洲天文学知识、计算方法和度量单位等，例如采

用了第谷的宇宙体系和几何学的计算体系；引入了圆形地球、地理经度和地理纬度的明确概念。引入了球面和平面的三角学的准确公式；采用欧洲通用的度量单位，分圆周为360度，分一日为96刻，24小时，度、时以下60进位制等。

徐光启的编历，不仅是我国古代制历的一次大改革，也为我国天文学由古代向现代发展，奠定了一定的理论和思想基础。

《崇祯历书》撰完后，清代初期的意大利耶稣会传教士、被雍正朝封为"光禄大夫"的汤若望，将《崇祯历书》删改为103卷，更名为《西洋新法历书》，连同他编撰的新历本一起上呈清朝朝廷，得到颁发实行。

清代初期新历原来定名为《时宪书》。《时宪书》成为了当时钦天监官生学习新法的基本著作和推算民用历书的理论依据，在清代初期前后行用了80余年。

拓展阅读

相传，在很久以前，有个名字叫万年的青年。有一天他坐在树荫下休息，地上树影的移动启发了他，他便设计出一个测日影计天时的晷仪。但当天阴时，就会因为没有太阳，而影响了测量。

后来是山崖上的滴泉引起了他的兴趣，他又动手做了一个5层漏壶。天长日久，他发现每隔360多天，天时的长短就会重复一遍。

后来万年费几十年之功为国君创制出了准确的太阳历。国君为纪念万年的功绩，便将太阳历命名为"万年历"，封万年为日月寿星。

完整历法《太初历》

　　《太初历》是汉代实施的历法。它是我国古代历史上第一部完整统一，而且有明确文字记载的历法，在天文学发展历史上具有划时代的意义。汉成帝末年，由刘歆重编后改称"三统历"。

　　《太初历》以正月为岁首，以没有中气的月份为闰月，使月份与季节配合得更合理；首次记录了五星运行的周期。它还把二十四节气第一次收入历法，这对于农业生产起了重要的指导作用。

汉代初年沿用秦朝的历法《颛顼历》，以农历的十月为一年之始，随着农业生产的发展，渐觉这种政治年度和人们习惯通用的春夏秋冬不合。

古时改朝换代，新王朝常常重定正朔。

公元前104年，司马迁和太中大夫公孙卿、壶遂等上书，提出废旧历改新的建议。

司马迁提出3点理由：《颛顼历》在当时是进步的，现在却不能满足时代的要求了；《颛顼历》所采用的正朔、服色，不见得对，是不能适应汉代的政治需要的；用《颛顼历》计算出来的朔晦弦望和实际天象许多已不符合了。因此建议改为"正朔"。

在这3条理由中，汉武帝认为第二条理由即政治上的需要是最为重要的。改历的目的就是借以说明汉王朝的政权是"受命于天"的。汉武帝不是单纯地把它看作科学上的技术问题，而是关系到巩固政权的大事。

司马迁等人的建议，促成了我国历法的大转折。汉武帝征求了御史大夫倪宽的意见之后，诏令司马迁等议造汉历，开始了在全国统一历法的工作。于是，一场专家和人民合作改革历法的行动开始展开。

汉武帝征募民间天文学家20余人参加，包括历官邓平、酒泉郡侯宜君、方士唐都和巴郡的天文学家落下闳等人。

　　我国古代制历必先测天，坚持历法的优劣需由天文观测来判定的原则。当时人们对于天象观测和天文知识，已经有了很大的进步，这为修改历法创造了良好的条件。

　　司马迁等人算出，公元前104年农历的十一月初一恰好是甲子日，又恰交冬至节气，是制定新历一个难逢的机会。这种测天制历的做法，对后代历法的制定产生了十分深远的影响。

　　接着，他们又从制造仪器，进行实测、计算，到审核比较，最后一致认为，在大家准备的18份历法方案中，邓平等人所造的八十一分律历，尤为精密。

　　在司马迁的推荐下，汉武帝识金明裁，便诏令司马迁用邓平所造八十一分律历，罢去其他与此相疏远的17家。并将元封七年改为太初元年，规定以十二月底为太初元年终，以后每年都从孟春正月开始，

至季冬十二月年终。

新历制定后，汉武帝在明堂举行了盛大的颁历典礼，并改年号元封七年，也就是公元前116年为太初元年，故称新历为《太初历》。

《太初历》的颁行实施，既是一件国家大事，也是司马迁人生旅程中值得纪念的一座里程碑。司马迁的贡献是不可磨灭的。

从改历的过程我们可以看到，当时朝野两方对天文学有较深研究者，可谓人才济济。特别是民间天文学家数量之多，说明在社会上对天文学的研究受到广泛重视，有着雄厚的基础。

《太初历》的原著早已失传。西汉末年，刘歆把邓平的八十一分法作了系统的叙述，又补充了很多原来简略的天文知识和上古以来天文文献的考证，写成了《三统历谱》。它被收在《汉书·律历志》里，一直流传至今。

如果说《太初历》以改元而得名，那么《三统历谱》则以统和纪为基本。统是推算日月的躔离，即推算日月运行所经历的距离远近；纪是推算五星的见伏，即推算五星的显现和隐没。

统和纪又各有母和术的区别，母是讲立法的原则，术是讲推算的方法。所以有统母、纪母、统术、纪术的名称；还有岁术，是以推算岁星即木星的位置来纪年；其他有五步，是实测五星来验证立法的正确性如何。

此外，还有"世经"，主要是考研古代的年，来证明它的方法是否有所依据。这些就是《三统历谱》的第七节。

这部历法是我国古代流传下来的一部完整的天文著作。它的内容有造历的理论，有节气、朔望、月食及五星等的常数和运算推步方法。

还有基本恒星的距离，可以说含有现代天文年历的基本内容，因而《三统历谱》被认为是世界上最早的天文年历的雏形。

从《太初历》至《三统历谱》，其在历法方面的主要进展是多方面的。

《太初历》的科学成就，首先在于历法计算上的精密准确。《太初历》以实测历元为历算的起始点，定元封七年十一月甲子朔旦冬至夜半为历元，其实测精度比较高，如冬至时刻与理论值之差仅0.24日。

《太初历》的科学成就，又在于第一次计算了日月食发生的周期。交食周期是指原先相继出现的日月交食又一次相继出现的时间间隔。食年是指太阳相继两次通过同一个黄白交点的时间间隔。

《太初历》的科学成就，还在于精确计算了行星会合的周期，正确地建立了五星会合周期和五星恒星周期之间的数量关系。

在五星会合周期的测定和五星动态表编制的基础上，《太初历》

第一次明确规定了预推五星位置的方法：已知自历元到所求时日的时距，减去五星会合周期的若干整数倍，得一余数。

以此余数为引数，由动态表用一次内插法求得这时五星与太阳的赤道度距，即可知五星位置。这一方法的出现，标志着人们对五星运动研究的重大飞跃。这一方法继续应用到隋代都没有什么大的变动。

《太初历》的科学成就，还在于适应农时的需要。司马迁等人编制《太初历》时，将有违农时的地方加以改革，把过去的十月为岁首改为以正月为岁首。

又在沿用19年七闰法的同时，把闰月规定在一年二十四节气中间无中气的月份，使历书与季节月份比较适应。这样春生夏长，秋收冬藏，四季顺畅了。二十四节气的日期，也与农时照应。

总之，《太初历》的制定，是我国历法史上具有重要意义的一次历法大改革，是中华文明在世界天文学上的不朽贡献。

拓展阅读

西汉建国之初，娴习历法的丞相张苍建议继承秦的《颛顼历》。当时有个儒生公孙臣上书提出，大汉国运属于土德，与秦不同，当有黄龙出现时，当改正朔，易服色。张苍批判他的谬论，把这主张压下去了。

后来传说黄龙果然在甘肃出现。消息传到宫中，汉文帝责问张苍，并召见公孙臣，命他为博士。张苍因此告病罢归。

后来太史令司马迁等把这问题重又提到日程上来，拉开了改历的序幕，并最后完成了我国历史上第一部完整的历法《太初历》。

历法体系里程碑《乾象历》

　　《乾象历》是三国时期东吴实施的历法。东汉末期刘洪撰。

　　刘洪的天文历法成就大都记录在《乾象历》中，他的贡献是多方面的，其中对月亮运动和交食的研究成果最为突出。

　　刘洪的《乾象历》创新颇多，不但使传统历法面貌为之一新，而且对后世历法产生了巨大影响。

　　至此，我国古代历法体系最后形成。刘洪作为划时代的天文学家而名垂青史。

刘洪是汉光武帝刘秀的侄子鲁王刘兴的后代，自幼得到了良好的教育。青年时期曾任校尉之职，对天文历法有特殊的兴趣。

后被调到执掌天时、星历的机构任职，为太史部郎中。在此后的10余年中，他积极从事天文观测与研究工作，这对刘洪后来在天文历法方面的造诣奠定了坚实的基础。

在刘洪以前，人们对于朔望月和回归年长度值已经进行了长期的测算工作，取得过较好的数据。

至东汉初期，天文学界十分活跃，关于天文历法的论争接连不断，在月亮运动、交食周期、冬至太阳所在宿度、历元等一系列问题上，展开了广泛深入的探索，孕育着一场新的突破。

刘洪十分积极而且审慎地参加当时天文历法界的有关论争，有时他是作为参与论争的一方，有时则是论争的评判者，无论以何种身份出现，他都取公正和实事求是的态度。

经过潜心思索，刘洪发现，依据前人所取用的这两个数值推得的朔望以及节气的平均时刻，长期以来普遍存在滞后于实际的朔望等时刻的现象。

刘洪给出了独特的定量描述的方法，大胆地提出前人所取用的朔望月和回归年长度值均偏大的正确结论，给上述问题以合理解释。

由于刘洪是在朔望月长度和回归年长度两个数据的精度长期处于停滞徘徊状态的背景下，提出他的新数据，所以不但具有提高准确度的科学意义，而且还含有突破传统观念的束缚，打破僵局，为后世研究的进展开拓了道路。

在此基础上，刘洪进一步建立了计算近点月长度的公式，并明确给出了具体的数值。我国古代的近点月概念和它的长度的计算方法从此得以确立，这是刘洪关于月亮运动研究的一大贡献。

刘洪每日昏旦观测月亮相对于恒星背景的位置，在长期观测取得大量第一手资料之后，他进而推算出月亮从近地点开始在一个近点月内每日实际行度值。

由此，刘洪给出了月亮每天实行度、相邻两天月亮实行度之差、每日月亮实际行度与平均行度之差和该差数的累积值等的数据表格。

这是我国古代第一份月亮运动不均匀性改正数值表即月离表。

月离表具有重要价值。欲求任一时刻月亮相对于平均运动的改正值，可依此表用一次差内插法加以计算。这是一种独特的月亮运动不均匀性改正的定量表述法和计算法，后世莫不遵从之。

刘洪经过20多年的潜心观测和研究，取得了丰富的科研成果。而这些创新被充分地体现在他于206年最后完成的《乾象历》中。

《乾象历》的完成，是我国历法史上的一次突破性进步，奠定了我国"月球运动"学说的基础。

归纳起来，刘洪及其《乾象历》在如下几个方面取得了重大的进展：

一是给出了回归年长度值的最新数据。刘洪发现以往各历法的回归年长度值均偏大，在《乾象历》中，他定出了365.2468日的新值，较为准确。

这一回归年长度新值的提出，结束了回归年长度测定精度长期徘徊甚至倒退的局面，并开拓了后世该值研究的正确方向。

二是在月亮运动研究方面取得重大进展，给出了独特的定量描述的方法。

刘洪肯定了前人关于月亮运动不均匀性的认识，在重新测算的基础上，最早明确定出了月亮两次通过近地点的时距为27.5534日的数值。

刘洪首创了对月亮运动不均匀进行改正计算的数值表，即月亮过近地点以后每隔一日月亮的实际行度与平均行度之差的数值表。为计算月亮的真实运行度数提供了切实可行的方法，也为我国古代该论题的传统计算法奠定了基石。

刘洪指出月亮是沿自己特有的轨道运动的，白道与黄道之间的夹角约为6度。这同现今得到的测量结果已比较接近。

他还定出了一个白道离黄道内外度的数值表，据此，可以计算任一时刻月亮距黄道南北的度数。

刘洪阐明了黄道与白道的交点在恒星背景中自东向西退行的新天文概念，并且定出了黄白交点每日退行的具体度数。

三是提出了新的交食周期值。刘洪提出一食年长度为346.6151日。该值比他的前人和同时代人所得值都要准确，其精度在当时世界上也是首屈一指的。

刘洪还提出了食限的概念，指出在合朔或望时，只有当太阳与黄白交点的度距小于14.33度时，才可能发生日食或月食现象，这14.33度就称为食限，就是判断交食是否发生的明确而具体的数值界限。

刘洪创立了具体计算任一时刻月亮距黄白交点的度距和太阳所在位置的方法。这实际上解决了交食食分大小及交食亏起方位等的计算问题，可是《乾象历》对此并未加阐述。

刘洪发明有"消息术"，这是在计算交食发生时刻，除考虑月亮运动不均匀性的影响外，还虑及交食发生在一年中的不同月份，必须加上不同的改正值的一种特殊方法。这一方法，实际上已经考虑到太阳运动不均匀性对交食影响的问题。

四是在天文数据表的测算编纂方面的贡献。刘洪还和东汉末的文学家、

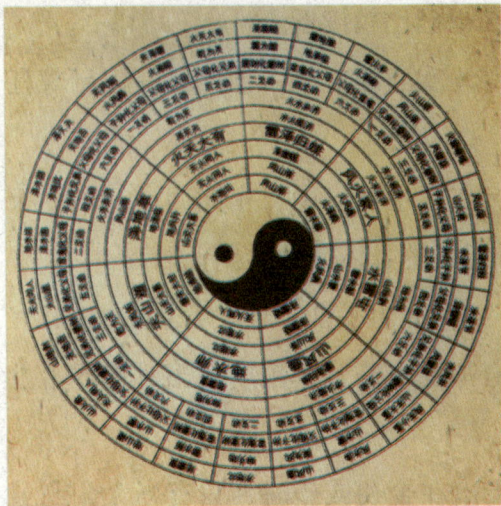

书法家蔡邕一起，共同完成了二十四节气太阳所在位置、黄道去极度、日影长度、昼夜时间长度以及昏旦中星的天文数据表的测算编纂工作。该表载于东汉四分历中，后来它成为我国古代历法的传统内容之一。

刘洪提出了一系列天文新数据、新表格、新概念和新计算方法，把我国古代对太阳、月亮运动以及交食等的研究推向一个崭新的阶段。他的《乾象历》是我国古代历法体系趋于成熟的一个里程碑。

拓展阅读

三国时期东吴天文学家刘洪是一个坚持原则的人。当时有一批著名的天文学家各据自己的方法预报了我国179年可能发生的一次月食，有的说农历三月，有的说农历四月，有的说农历五月当食。

刘洪反对这种推断，认为这是未经实践检验的。进而，刘洪提出必须以真切可信的交食观测事实作为判别的权威标准，这一原则为后世历家所遵循。

用现代月食理论推算，179年的农历三、四、五月均不会发生月食，可见当年刘洪的推断以及他所申述的理由和坚持的原则都是十分正确的。

历法系统周密的《大衍历》

《大衍历》是唐代历法，唐代僧人一行所撰。它继承了我国古代天文学的优点和长处，对不足之处和缺点做了修正，因此，取得了巨大成就。它对后代历法的编订影响很大。

《大衍历》最突出的表现在于它比较正确地掌握了太阳在黄道上运动的速度与变化规律。一行采用了不等间距二次内插法推算出每两个节气之间，黄经差相同，而时间距却不同。

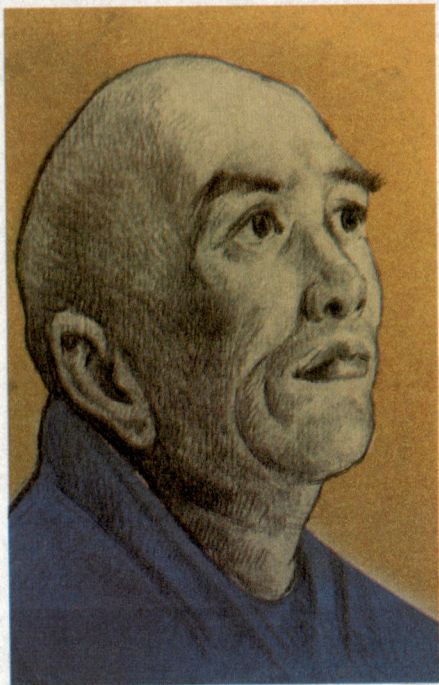

唐代是我国古代文化高度发展与繁荣的一个朝代。这不仅体现在政治、经济上，还体现在自然科学方面。唐代的天文学成就，标志着我国古代天文历法体系的成熟。这一时期涌现了不少杰出的天文学家，其中一行的成就最高。

一行，俗名张遂。他出生于一个富裕人家，家里有大量的藏书。他从小刻苦好学，博览群书。他喜欢观察思考，尤其对于天象，有时一看就是一个晚上。至于天文、历法方面的书他更是大量阅读。

日积月累，他在这方面有了很深的造诣，很有成就，成为著名的学者。712年，唐玄宗即位，得知一行和尚精通天文和数学，就把他召到京都长安，做了朝廷的天文学顾问。

唐玄宗请一行进京的主要目的是要他重新编制历法。因为自汉武帝到唐高宗之间，历史上先后有过25种历法，但都不精确。

唐玄宗就因为唐高宗诏令李淳风所编的《麟德历》所标的日食总是不准，就诏一行定新历法。

一行在长安生活了10年，使他有机会从事天文学的观测和历法改革。自从受诏改历后，为了获得精确数据，他就开始了天文仪器制造和组织大规模的天文大地测量工作。

一行在修订历法的实践中，为了测量日、月、星辰在其轨道上的位置和运动规律，他与梁令瓒共同制造了观测天象的"浑天铜仪"和"黄道游仪"。

浑天铜仪是在汉代张衡的"浑天仪"的基础上制造的，上面画着星宿，仪器用水力运转，每昼夜运转一周，与天象相符。另外还装了两个木人，一个每刻敲鼓，一个每辰敲钟，其精密程度超过了张衡的"浑天仪"。

黄道游仪的用处，是观测天象时可以直接测量出日、月、星辰在轨道上的坐标位置。一行使用这两个仪器，有效地进行了对天文学的研究。

在一行以前，天文学家包括像张衡这样的伟大天文学家都认为恒星是不运动的。但是，一行却用浑天铜仪、黄道游仪等仪器，重新测定了150多颗恒星的位置，多次测定了二十八宿距天体北极的度数。从而发现恒星在运动。

根据这个事实，一行推断出天体上的恒星肯定也是移动的。于是推翻了前人的恒星不运动的结论，一行成了世界天文史上发现恒星运动的第一个中国人。

一行是重视实践的科学家，他使用的科学方法，对他取得的成就有决定作用。

一行和南宫说等人一起，用标杆测量日影，推算出太阳位置与节气的关系。

一行设计制造了"复矩图"的天文学仪器，用于测量全国各地北极的高度。他用实地测量计算得出的数据，从而推翻了"王畿千里，影差一寸"的不准确结论。

从724年至725年，一行组织了全国13个点的大地测量。这次测量以天文学家南宫说等人在河南的工作最为重要。当时南宫说是根据一行制历的要求进行的这次测量。

一行从南宫说等人测量的数据中，得出了北极高度相差一度，南北距离就相差351千米80步的结论。

这实际上是世界上第一次对子午线的长度进行实地测量而得到的结果。如果将这一结果换算成现代的表示方法，就是子午线的每一度为123.7千米。

这次大地测量，无论从规模，还是方法的科学性，以及取得的实际成果，都是前所未有的。英国著名的科学家李约瑟后来高度评价说："这是科学史上划时代的创举。"

一行从725年开始编制新历至757年完成初稿，据《易》象"大衍之数"而取名为《大衍历》。可惜就在这一年，一行与世长辞了。他的遗著经唐代文学家张说等人整理编次，共52卷，称《开元大衍历》。

从729年起，根据《大衍历》编纂成的每年的历书颁行全国。经过检验，《大衍历》比唐代已有历法都更精密。

一行为编《大衍历》，进行了大量的天文实测，包括测量地球子午线的长度，并对中外历法系统进行了深入的研究，在继承传统的基础上，颇多创新。

《大衍历》是一行在全面研究总结古代历法的基础上编制出来的。它首先在编制方法上独具特色。

《大衍历》把过去没有统一格式的我国历法归纳成7个部分："步气朔"讨论如何推算二十四节气和朔望弦晦的时刻；"步发敛"内容包括七十二候、六十四卦及置闰法则等；"步日躔"讨论如何计算太阳位置；"步月离"讨论如何推算月亮位置；"步晷漏"计算表影和昼夜漏刻的长度；"步交会"讨论如何计算日月食；"步五星"介绍的是五大行星的位置计算。

这7章的编写方法，具有编次

结构合理、逻辑严密、体系完整的特点。因此后世历法大都因之，在明代末期以前一直沿用。可见《大衍历》在我国历法上的重要地位。

从内容上考察，《大衍历》也有许多创新之处。

《大衍历》对太阳视运动不均匀性进行新的描述，纠正了张子信、刘焯以来日躔表的失误，提出了我国古代第一份从总体规律上符合实际的日躔表。

在利用日躔表进行任一时刻太阳视运动改正值的计算时，一行发明了不等间距二次差内插法，这是对刘焯相应计算法的重要发展。

一行对于五星运动规律进行了新的探索和描述，确立了五星运动近日点的新概念，明确进行了五星近日点黄经的测算工作。

如一行推算出728年的木、火和土三星的近日点黄经，分别为345.1度，300.2度和68.3度。这与相应理论值的误差分别为9.1度、12.5度和1.6度，此中土星近日点黄经的精度达到了很高的水平。

一行还首先阐明了五星近日点运动的概念，并定出了每年运动的具体数值。

《大衍历》还首创了九服晷漏、九服食差等的计算法。在新算法中，对于从太阳去极度推求晷影长短，《大衍历》设计了一套计算方法。根据简单的三角函数关系由太阳去极度可以方便地得到八尺之表的影长。我国古代天文学家用巧

妙的代数学方法解决了这一问题，体现了我国天文学的特色。

《大衍历》是当时世界上比较先进的历法。日本曾派留学生吉备真备来我国学习天文学，回国时带走了《大衍历经》1卷、《大衍历主成》12卷。于是《大衍历》便在日本广泛流传起来，其影响甚大。

拓展阅读

一行在编制《大衍历》之前，就已经走遍了大半个中国，许多地方都留下过他的遗迹。这其实为他后来编制《大衍历》获得了很多第一手材料。

705年，一行游历到岭南，喜爱上外海的五马归槽山，便在山麓搭起茅庵留了下来。他在此观察天象，绘制星图，以种茶度日，因此所居住的草庐名叫"茶庵"。

一行的学识与为人深为外海人所敬仰。明代万历年间，人们在这里建造寺庙，以一行所结的茅庐"茶庵"为名。从此，"茶庵寺"的名字便流传至今。

古代最先进历法《授时历》

《授时历》为元代实施的历法名，因元世祖忽必烈封赐而得名，原著及史书均称其为《授时历经》。

《授时历》沿用400多年，是我国古代流行时间最长的一部历法。

《授时历》正式废除了古代的上元积年，而截取近世任意一年为历元，打破了古代制历的习惯，是我国历法史上的第四次大改革。

元朝统一全国后，当时所用的历法《大明历》已经误差很大，元世祖忽必烈决定修改历法。于是命人置局改历，开始了我国历法史上的又一次改革。

据《元史》记载，元大都天文台上有郭守敬制作的仪器13件。

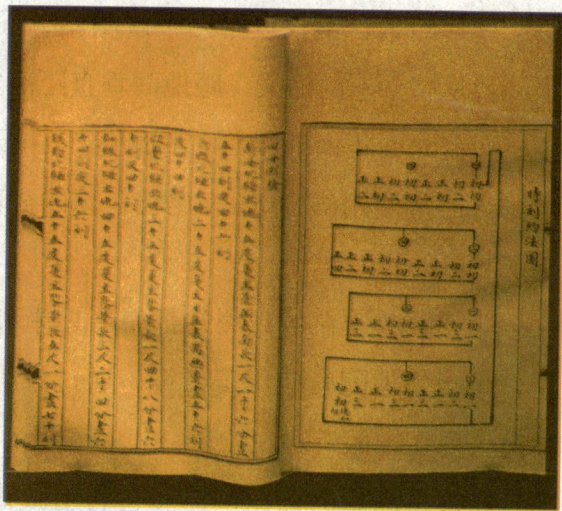

据说，为了对它们加以说明，郭守敬奏进仪表式样时，从上早朝讲起，直讲到下午，元世祖一直仔细倾听而没有丝毫倦意。这个记载反映出郭守敬讲解生动，也反映出元世祖的重视和关心。

郭守敬又向元世祖列举唐代一行为编《大衍历》而进行全国天文测量的史实，提出为编制新历法，也应该组织一次全国范围的大规模的天文观测。

元世祖接受了郭守敬的建议，派10多名天文学家到国内各地相关地点进行了几项重要的天文观测，历史上把这项活动称为"四海测验"。

元代四海测验不少于27个观测点，分布在南起北纬15度，北至北纬65度，东起东经128度，西至东经102度的广大地域。主要进行了日影、北极出地高度即观察北极星的视线和地平面形成的夹角度数、春分秋分昼夜时刻的测定。

至今犹存的观测站之一的阳城，就是现在的河南省登封测景台，又称"元代观星台"。这里被古人认为是"地中"。

登封测景台不仅仅是一个观测站，同时也是一个固定的高表。表顶端就是高台上的横梁，距地面垂直距离13米。

高台北面正南北横卧着石砌的圭，石圭俗称"量天尺"，长达40米。与通常使用的2米高表比较，新的表高为原来表高的6倍还多，减小了测量的相对误差。

郭守敬敢于在各观测站都使用13米高表而不怕表高导致的端影模糊，是因为他配合使用了景符，通过景符上的小孔，将表顶端的像清晰地呈现在圭面上。

景符是高表的辅助仪器。它利用微孔成像的原理，使高表横梁所投虚影成为精确实像，清晰地投射在圭面上，达到了人类测影史的最高精度，领先于同期的世界水平。

这次测量获得了高精度的原始测量数据，对《授时历》的编纂贡献很大。

经过许衡、郭守敬、王恂等天文学家们艰苦奋斗，精确计算了4年，运用了割圆术来进行黄道坐标和赤道坐标数值之间的换算，以二次内插法解决了由于太阳运行速度不匀造成的历法不准确问题，终于在1280年编成了这部历史上精确、先进的历法。

元世祖根据古书上"授民以时"的命意，取名为《授时历》。

王恂是以算术闻名于当

时的，元世祖命他负责治历。他谦称自己只知推算年时节候的方法，需要找一个深通历法原理的人来负责，于是他推荐了许衡。

许衡是当时大儒，于易学尤精，接受任命以后十分同意郭守敬制造仪器进行实测。

《授时历》颁行的第二年，许衡病卒，王恂已于前一年去世，这时有关《授时历》的计算方法、计算用表等尚未定稿，郭守敬又挑起整理著述最后定稿的重担，成为参与编历全过程的功臣。

《授时历》是我国古代创制的最精密的历法。用郭守敬自己的话说，《授时历》"考正者七事"，"创法者五事"。

考正者七事，一是精确地测定了至1280年的冬至时刻。

二是给出了回归年长度及岁差常数。即第一年冬至到第二年冬至的时间为365日24刻25分。古时一天分为100刻，即1年为365.2425日；如以小时计，《授时历》为365日5时49分12秒。

三是测定了冬至日太阳的位置，认为太阳在冬至点速度最高，在夏至点速度最低。

四是测定了月亮在近地点时刻。

五是测定了冬至前月亮过升交点的时刻。即冬至时月亮离黄白交点的距离，进一步利用此数据测定朔望日、近点月和交点月的日数。

六是测定了二十八宿距星的度数。

七是测定了二十四节气时元大都日出日没时刻及昼夜时间长短。

创法者五事分别是：一是求出了太阳在黄赤道上的运行速度；二是求出了月亮在白道上的运行速度，即月球每日绕地球运行的速度；三是从太阳的黄道经度推算出赤道经度；四是从太阳的黄道纬度推算赤道纬度；五是求月道和赤道交点的位置。

《授时历》采用的天文数据是相当精确的。如郭守敬等重新测定的黄赤交角为古度23.9030度，约折合今度23.3334度，与理论推算值的误差仅为1分36秒。

法国著名数学家和天文学家拉普拉斯在论述黄赤交角逐渐变小的理论时，曾引用郭守敬的测定值，并给予其高度评价。

《授时历》中的推算还使用了郭守敬创立的新数学方法。如"招差法"是利用累次积差求太阳、月亮运行速度的。又如"割圆法"是用来计算积度的，类似球面三角方法求弧长的算法。

不仅如此，郭守敬废弃了用分数表示非整数的做法，采用百进位制来表示小数部分，提高了数值计算的精度。

郭守敬不再花费很大的力气去计算上元积年，直接采用1280年冬至为历法的历元，表现了开创新路的革新精神。

所谓"上元积年"，是我国古代编历的老传统。"上元"就是在过去的年代里，一个朔望日的开始时刻和冬至夜半发生在一天；"积年"就是从制历或颁历时的冬至夜半上推到所选上元的年数。

历法家为了找到一个理想的上元，往往牵强凑合。《授时历》不采用这种方法，而以1280年作为推算各项天文数据的起点，这就是近世截元法。这是历法史上的一项重要贡献。

在恒星观测方面，郭守敬等不仅将二十八宿距星的观测精度提高到一个新的水平，而且对二十八宿中的杂坐诸星，以及前人未命名的无名星进行了一系列观测，并且编制了星表。

元代二十八宿的测量误差很小，其中房、虚、室、娄、张五宿的测量误差小于1分，大于10分的仅胃宿一宿，实在是高水平的测量，也是元代天文仪器精密的客观记录。

郭守敬还著有《新测二十八舍杂坐诸星入宿去极》一卷和《新测无名诸星》一卷。清代梅文鼎说曾见过民间遗本，现在北京图书馆藏《天文汇钞》中的《三垣列舍入宿去极集》一卷，就是抄自郭守敬恒星图表的抄本，甚为珍贵。

《授时历》是我国古代最先进的历法，代表了元代天文学的高度发展。自颁行后，沿用400多年，是我国流行最长的一部历法。

《授时历》编制不久，即传播到日本、朝鲜，并被采用。《授时历》作为我国历史上一部优秀的、先进的、精确的历法，在世界天文学史上也占有突出的位置。

拓展阅读

元世祖忽必烈于1279年3月20日，命天文学家郭守敬进行地理测量行动，这就是历史上有名的"四海测验"。在这次大规模的观测活动中，测量队曾在南海设立观测点，郭守敬亲自登陆的南海测点为黄岩岛及附近诸岛，测量结果在《元史》中有详细记载。

南海测量创世界纪录协会世界最早对黄岩岛进行地理测量的世界纪录。由此，我国成为世界上最早对南海黄岩岛及附近诸岛进行地理测量的国家。

中西结合的《崇祯历书》

《崇祯历书》是明代崇祯年间为改革历法而编的一部丛书。从1629年9月成立历局开始编撰，至1634年11月全书完成。

全书主编徐光启，后由李天经主持。参加编制的有日耳曼人汤若望、葡萄牙人罗雅谷、瑞士人邓玉函、意大利人龙华民等。

《崇祯历书》从多方面引进了欧洲的古典天文学知识。此历法在清代被改为《时宪历》，在清代初期前后行用了80余年。

明代初期使用的历书是元代郭守敬等人编制的《授时历》，在明代立国后更名为《大统历》沿用，至明崇祯年间，这部历书已施行了348年之久，误差也逐渐增大。

明代初期以来，据《大统历》推算所作的天象预报，就已多次不准。1629年6月21日日食，钦天监的预报又发生显著错误，而礼部侍郎徐光启依据欧洲天文学方法所作的预报却符合天象，因而崇祯帝对钦天监进行了严厉的批评。徐光启等因势提出改历，遂得到批准。同年7月，礼部在宣武门内的首善书院开设历局，由徐光启督修历法。

徐光启深知，西方天文学的许多内容是我国古所未闻的，所以改历时应该吸取西学，与我国传统学说参互考订，中西会同归一，使历法的编订更加完善。于是，他制订了一个以西法为基础的改历方案。

在编纂过程中，历局聘请来日耳曼人汤若望、葡萄牙人罗雅谷、瑞士人邓玉函、意大利人龙华民等参与历法编订工作。

这些西方耶稣会传教士参与我国历法编订，给渴望天文新知识的我国天文工作者带来了欧洲天文学知识，开始了我国天文学发展的一个特殊阶段，即在传统天文学框架内，搭入欧洲天文知识构件。

在徐光启的领导下，历局从翻译西方天文学资料起步，力图系统地和全面地引进西方天文学的成就。西方学者与历局的中国天文学家一道译书，共同编译或节译了哥白尼、第谷、伽利略、开普勒等欧洲著名天文学家的著作。这是历局的中心工作。

历法编纂工作从1629年至1634年，历经6年，完成了卷帙浩繁的《崇祯历书》。徐光启于1633年去世，经他定稿的有105卷，其余32卷最后审定人为历法家李天经。

《崇祯历书》贯彻了徐光启以西法为基础的设想，基本上纳入了

"熔彼方之材质，入大统之型模"的规范。是较全面介绍欧洲古典天文学的重要著作。

《崇祯历书》书中引入了清晰的地球概念和地理经纬度概念，以及球面天文学、视差、大气折射等重要天文概念和有关的改正计算方法。它还采用了一些西方通行的度量单位，如一周天分为360度；一昼夜分为96刻24小时；度、时以下采用六十进位制等。

从内容上看，《崇祯历书》全书共46种，137卷，分"基本五目"和"节次六目"。

基本五目分别为法原、法数、法算、法器和会通。这部分以讲述天文学基础理论法原所占篇幅最大，有40卷之多，约占全书篇幅的三分之一。

此外，法数为天文用表，法算为天文计算必备的平面、球面三角学、几何学等数学知识，法器为天文仪器及使用方法，会通为中西度量单位换算表。

节次六目是根据这些理论推算得到的天文表，分别为日躔、恒星、月离、日月交合、五纬星和五星凌犯。如推算出太阳视运动的度次，记载恒星在天球上的位置以及其他参数，月球运行的度次，日月交合时间，金木水火土星五星出入黄道的情况。

尽管当时哥白尼体系在理论上、实测上都还不很成功，但《崇祯历书》对哥白尼的学说做了介绍并大量引用哥白尼在《天体运行论》中的章节，还认

为哥白尼是欧洲历史上除了伽利略、开普勒之外最伟大的天文学家之一。

事实上，《崇祯历书》在1634年编完之后并没有立即颁行。新历的优劣之争一直持续10年。在《明史·历志》中记录了发生过的8次中西天文学的较量，包括日食、月食，以及木星、水星、火星的运动。

最后崇祯帝在1643年8月下定颁布新历的决心，但颁行《崇祯历书》的命令还没有实施，明王朝就已灭亡。此后，则由留在北京城中的汤若望删改《崇祯历书》至103卷，并且由清顺治皇帝将其更名为《西洋新法历书》。

其中100卷本《西洋新法历书》被收入《四库全书》，但因避乾隆弘历讳，易名为《西洋新法算书》，并且根据它的数据编制历书，叫《时宪历》。近代所用的旧历就是《时宪历》，通常叫"夏历"或"农历"。总的来说，《崇祯历书》是汉化西方天文学的产物，明代天文学发展所取得的伟大成就。

拓展阅读

徐光启是明代著名科学家。他曾经与意大利耶稣会士利玛窦合作将《几何原本》前6卷译成汉文。这是传教士进入我国后翻译的第一部科学著作。西方早期天文学关于行星运动的讨论多以几何为工具，《几何原本》的传入对学习了解西方天文学是十分重要的。

徐光启在评论《几何原本》时说过："读《几何原本》的好处在于能去掉浮夸之气，练就深思的习惯，会按一定的法则，培养巧妙的思考。所以全世界人人都要学习几何。"

天文仪器

天文仪器的研制是天文学发展的基础，我国历代天文学家都很重视，在这一方面花了不少工夫。创制出了表和圭、漏和刻、浑仪和简仪、浑象，以及功能非凡的候风地动仪和大型综合仪器水运仪象台，能测日影、计时间、测天体、演天象、测地震。

此外还有综合型的，集测时、守时、报时、演示于一体，显示了我国古代天文仪器的多样性。

我国古代天文仪器种类多、制作精、构思巧、用途广、装饰美、规模大，在世界天文仪器发展史上具有重要地位。

测量日影仪器表和圭

　　古代天文学家为了测定天体的方位、距离和运动，设计制造了许多天体测量的仪器。通过获得这些仪器测定的数据，来为各种实用的和科学的目的服务。

　　我国古代天体测量方面的成就是极其辉煌的。在诸多天体测量仪器中，表和圭通过测定正午的日影长度以定节令，定回归年或阳历年。还可以用来在历书中排出未来的阳历年以及24个节令的日期，作为指导农事活动的重要依据。

表就是直立在地上的一根竿子，是最早用来协助肉眼观天测天的仪器。圭是用来量度太阳照射表时所投影子长短的尺子。两者结合在一起用时，遂称为"圭表"。从史料记载和发展规律来看，表的出现先于圭。

甲骨文中有关"立中"的卜辞，是关于殷人进行的一种祭祀仪式，是在一块方形或圆形平地的中央标志点上立一根附有下垂物的竿子，附下垂物的作用在于保证竿子的直立。

殷时期的人们在4月或8月的某些特定的日子而进行这种"立中"的仪式，其目的在于通过表影的观测求方位、知时节。表明当时的人们已知立表测影的方法了。

事实上，在殷商之前，由于太阳的出没伴随着昼夜的交替，从原始社会起，人们就知道判别方向应同太阳升落有关。

早在新石器时期的墓葬群中，考古学家已发现其墓主人的头部都朝着一定的方向：陕西省西安半坡村朝西，山东省大汶口朝东，河南省青莲岗各期朝东，或东偏北、东偏南。这显然同日月的升落有关。

殷商时用表测日影的旁证还有甲骨文中表示一天之内不同时刻的字。这些字都同"日"字有关，如朝、暮、旦、明、戾、中日、昏等，其中"中日"与"戾"更是明确表示日影的正和斜，是看日影所得出的结论。

这一点同时也说明了表的一个用途，即利用表影方位的变化确定一天内的时间，这便是后代制成日晷的原理。也就是说，日晷还是在

表的基础上发展起来的。

关于圭的出现，详细记录有圭表测量的书是战国至西汉时的《周礼》、《周髀算经》、《淮南子》等，因而一般人多认为圭的出现要在春秋战国时期。

东汉文字学家许慎《说文解字》认为，圭是做成上圆下方的美玉，公侯伯子男所执之圭有9寸、7寸、5寸之不同。因而圭的长短就是各人身份的标志，换句话说，圭就是度量身份的尺子。

按《周髀算经》提供的数据，一般用6尺之表，则夏至时日影最短为1.5尺，正好是圭之长。

"土圭"和"土圭之法"是从"表"发展至"圭表"之间的一个过渡。最初是用一根活动的尺子去量度表影，以后才发展成将圭固定于表底，并延长其长度，使一年中任一天都可以方便地在圭面上读出影长，这才是圭表。

目前所见的圭表实物最早当推1965年在江苏省仪征东汉墓中出土的铜圭表。表身可折叠存放于圭上专门刻制的槽内，圭上的刻度和铜表的高度均为汉制缩小10倍的尺寸。圭表作为随葬品埋入墓内，说明东汉时期圭表已很普及了。

从表发展成圭表是一个进步，是人们对立表测影要求精确化和数量化的体现。

在一块方形或圆形平地的中央直立一表，可以根据日出和日入的表影方向定出东西南北，也可以根据一天之内表影方向的变化确定出一日内的时刻。而这些也恰恰是制定历法所必需的。

在《周髀算经》一书中。还叙述了利用一根定表和一根游表测天体之间角距离的方法：

在一平地上先画一圆，立定表于圆心，另立一游表于正南方，当女宿距星南中天时，迅速将正南方之游表向西沿圆周移动，使通过定表和游表可见牛宿距星，这时量度游表在圆周上移动的距离，化成周天度就是牛宿的距度，也就是牛宿距星和女宿距星间的角度。

表，这一最简单最早出现的仪器，后来得到了很大的发展和改进。

为了使表影清晰，将表顶做成尖状的劈形或加一副表，与主表之影重合；为了提高表影测量精度，既加高表身，又发明相应的设备景符；为了测定时间，制成日晷，有赤道式的也有地平式的；为了使表不仅能观测日影，使既能观月，也能观星，又发明了窥几等。

总之，表和圭在我国古代天文学的发展中起了相当大的作用，是一类重要的古代天文仪器。即使在现在，它的定方向、定时刻的功能有时还会给人们以帮助。

拓展阅读

祖冲之是南北朝时期杰出的数学家，科学家。他除了在数学方面颇有建树外，在天文方面也颇多贡献。

比如他区分了回归年和恒星年，首次把岁差引进历法，给出了更精确的五星会合周期等。在这之中，还发明了用圭表测量冬至前后若干天的正午太阳影长以定冬至时刻的方法。这个方法也为后世长期采用。

为了纪念这位伟大的古代科学家，人们将月球背面的一座环形山命名为"祖冲之环形山"，将小行星1888命名为"祖冲之小行星"。

古代计时仪器漏和刻

漏和刻是我国古代一种计量时间的仪器，是古人发明的诸多计时工具中最有代表性的仪器，充分体现了我国古代人民的智慧。

漏是指带孔的壶，刻是指附有刻度的浮箭。有泄水型和受水型两种。早期多为泄水型漏刻，水从漏壶孔流出，漏壶中的浮箭随水面下降，浮箭上的刻度指示时间。

受水型漏刻的浮箭在受水壶中，随水面上升指示时间，为了得到均匀水流可置多级受水壶。

　　漏是漏水的壶，借助水的漏出以计量时间的流逝，是守时仪器。刻是带有刻度的标尺，与漏壶配合使用，随壶水的漏出不断反映不同的时刻，属于报时仪器。从文献史料和逻辑推理来看，漏的出现当早于刻。

　　漏壶的起源应是相当早的。原始氏族公社时期就能制造精美的陶器，总会出现破损漏水的情况，而漏水的多少与所经时间有关，这就是用漏壶来计时的实践基础。人们从漏水的壶发展到专门制造有孔的漏壶，这一仪器就诞生了。

　　据史书所记载，漏刻之作开始于轩辕之时，在夏商时期有了很大发展。轩辕黄帝是传说中的人物，漏壶为他所创不尽可信，但说在夏商时代有了很大发展还可考虑。

　　殷商时期已知立杆测影，判方向、知时刻，因而漏和刻的发明不会晚于商代。在先秦典籍中，见到有关漏的记述，在汉代以后文献中已经见有刻和漏刻的描写。

　　最原始的漏壶是没有节制水流措施的，只是让其自漏，从满壶漏至空，再加满水接着漏。显然满壶和浅壶漏水的速度不同，但一壶水从满漏至空都是大体等时的。如内蒙古自治区杭锦旗1976年出土的西汉漏壶每次漏空大约10分钟，因而计量时间可用漏了多少壶来表示。

　　为了不间断地添水行漏，计数漏了多少壶，需要有人日夜守候，

这也许就是《周礼·夏官司马》中提到"挈壶氏"的原因。书中说夏官司马所属有挈壶氏，设下士6人及史2人，徒12人。

有军事行动时，掌悬挂两壶、罍、畚物。两壶，一为水壶，悬水壶以示水井位置；一为滴水计时的漏，命名击柝之人能按时更换。

如此众多的人员守候一个漏壶显然是很大的负担，人们必然会产生节制漏水速度的要求，或在壶内壁出水口处垫以云母片，或在漏水孔中塞以丝织物等，使漏水缓慢而又不断，这样每一壶水漏出的时间长了，就减轻了不断添水的负担。

由于不能以漏多少壶来计时，而要随时注意漏壶里的水漏掉多少，这就是刻产生的基础。最初可能是在壶内壁上刻画。

后来为了便于读数，就放一支箭在壶里，在箭杆上划刻度，看水退到什么刻度就知道时间了。

由于漏水速度的减慢，改用刻来作为计量时间的单位，壶水的满浅影响漏水速率的问题就显得突出起来。

可以说，我国漏刻技术几千年的发展史就是克服漏水不均匀、提高计时精度的奋斗过程。其间也有箭舟的创造，沉箭式和浮箭式的使用，以及称漏的发明等巧妙的设计。

箭舟是浮在漏壶里的小舟，载刻箭能够上浮；沉箭式是指随着水的漏出，壶里水面下降，箭舟载刻箭下沉而读数；浮箭式是指另用一不漏水的箭壶积存漏出的水，水越积越多，水面升高，箭舟载刻箭浮起而读数；称漏是称漏出之水的重量来计时。

它们都属于报时和显示时间的装置，其报时的准确程度均受到漏水是否均匀的影响。

为了克服壶里水位的满浅影响漏水的速率这一问题，最初想到的当然是不断添水以保持壶里水位的基本稳定，这样沉箭式就不能使用，必然出现浮箭式。

不断添水这一工作又是件麻烦的事，因而就出现了多级漏壶，用上一级漏壶漏出的水来补充下一级漏壶的水位，使其保持基本稳定。显然，这样的补偿壶越多，最下面一个漏壶的水位就越是稳定。

东汉时期张衡做的漏水转浑天仪里用的是二级漏壶，晋代的记载中有三级漏壶，唐代的制度是四级漏壶。从理论上来说还可以再加，但实际上是不可能无限制地增加补偿漏壶的数量的，因此保持水位稳定这一问题并未彻底解决。

宋代科学家燕肃迈出了关键性的一步，他抛弃了增加补偿漏壶这一老路，采用漫流式的平水壶解决了历史上长久未克服的水位稳定问题。这一发明在他制造的莲花漏中第一次使用。

莲花漏只用两个壶，叫"上匮"和"下匮"，其下匮开有两孔，一在上，一在下，下孔漏水入箭壶，以浮箭读数，而从上孔漏出的水经竹注筒入减水盎。

只要从上匮来的水略多于下匮漏入箭壶的水，下匮的水位就会不断升高，当要高于孔时，多余的水必然经上孔流出，使下匮的水位永远稳定在上孔的位置上，这就起了平定水位的作用，使下匮漏出的水保持稳定。

莲花漏的发明和使用，是漏壶发展史上的重大成就。自宋代以后，莲花漏广泛应用于漏壶中，甚至发展成二级平水壶，使稳定性更加提高。

在解决水位稳定的漫长岁月中，对其他影响漏水精度的问题做出了许多改进。

其中有保持水温、克服温度变化影响水流的顺涩；采用玉做漏水管，克服铜管久用锈蚀的问题；渴乌即虹吸管的使用，克服了漏孔制造的困难；用洁净泉水，克服水质影响流速；采用控制漏水装置"权"，调节流水速度等。这些无疑也是我国漏壶发展史上的成就。

由于历代科学家的不懈努力，漏壶技术得到了很大发展。对于漏壶精度，我国古代很早就知道用测日影和观测恒星的方法同漏刻作比对，以校准漏刻。

拓展阅读

司马穰苴是齐景公时期的人，他曾以将军衔准备率兵抵御燕晋两国的军队。出征前，他与监军庄贾约定，第二天正午在军门外会面。

第二天，司马穰苴先驱车到达军营，摆设好观日影计时的木表和滴水计时的漏壶等待庄贾。庄贾一向傲慢自大并不着急。正午的时候庄贾没有到，司马穰苴就推倒木表，倒掉漏壶里的水。到了傍晚，庄贾才到。司马穰苴责问之后，将其斩首，三军皆震，人人争取奔赴战场。

燕晋两军听说了这种情况，立刻撤兵了。

测量天体的浑仪和简仪

测量天体的仪器已有近2000年的历史。在历史进程中，我们的祖先在不同的时期发明和制造了各种测量天体的仪器，适应了当时社会经济发展和人们的生活需求。

我国古代测量天体的仪器最著名的是浑仪和简仪。这两件仪器的制造，是我国天文仪器制造史上的一大飞跃，是当时世界上的一项先进技术。

浑仪是我国古代天文学家用来测量天体坐标和两天体间角距离的主要仪器。简仪是重要的观测用仪器，由浑仪发展而来。

我国古代浑仪的诞生，经历了从简单发展至复杂又回到简单的过程。大致来说，战国至秦是它的诞生时期；汉唐时期是研制、创新和定型的阶段；宋元时期是它的高峰时期；明代以后的铸造已经带有西学元素。

浑仪由于它的重要性，历代均有研制。保存至今的明制浑仪和清制浑仪结构合理、铸造精良、装饰华丽，成为古代天文仪器的精品，甚至成为我国古代科技文明的象征。

浑仪的构造包括3个基本部件，首先是窥管，通过这根中空管子的上下两孔观测所要测的天体；其次是反映各种坐标系统的读数环，当窥管指向某待测天体时，它在各读数环中的位置就是该天体的坐标。

此外就是各种支撑结构和转动部件，保证仪器的稳固和使窥管能自由旋转以指向天空任何方位。

最初的浑仪结构比较简单，只有一根窥管和赤道系统的读数环并兼做支架的作用，在《隋书·天文志》中最早留下了南北朝时孔挺于323年制的浑仪结构，即如上述古法所制。

北魏鲜卑族天文学家斛兰于412年受诏主持铸成我国历史上第一台铁浑仪。铁浑仪增加了带水槽的十字底座，底座上立4根柱子支撑仪器。这样，读数系统与支撑系统就分开了。

铁浑仪的基本结构与前赵孔挺浑仪基本上相同，但又有些新创造。如在原有的底座上铸有"十"字形水槽，以便注水校准水平，这是在仪器设备上利用水准仪的开端。

铁浑仪是一台质量很高的仪器，北魏灭亡后，历经北齐、后周、隋、唐几个朝代一直使用了200多年，直至唐睿宗时，天文学家瞿昙悉达还奉敕修葺此仪，可见其使用寿命之长。

至唐代，由于天文学家李淳风、一行和天文仪器制造家梁令瓒等人的努力，浑仪的三重环圈系统建立起来，成为后世浑仪结构的定型式。

浑仪的三重环圈各有名称，最里面的是四游环或四游仪，它夹着窥管可使之自由旋转；中间一重是三辰仪，包括赤道环、黄道环、白道环，上面都有刻度，是各坐标系统的读数装置；外面一重是六合仪，包括地平、子午、赤道三环，固定不动，起仪器支架作用。

考察历代所制浑仪，都可以按这三重环圈体系来分析它们的结构。其构造科学合理，观测精确，造型优美而享誉世界。

由于天体的周日运动是沿赤道平面的，所以只有赤道系统能最方便地表示天体的坐标，黄道和白道就显得很麻烦，而且由于岁差的原因，赤道和黄道的交点不断变化，使黄赤道的位置不固定。

唐代一行和梁令瓒所铸黄道游仪就是为了解决这个问题而设计的，他们在赤道环上每隔1度打一个孔，使黄道环能模仿古人理解的岁差现象不断在赤道上退行。

类似的情况是白道和黄道，李淳风就在他制造的浑天黄道仪的黄道环上打249个孔，每过一个交点月就让白道在黄道上退行一孔。这样的设计虽说巧妙，但使用上却带来不便，精度上也受影响，后来遂被废除。

宋代的浑仪铸造主要在北宋时期，大型的就有5架，每架用铜总在10000千克以上，可见其规模之大。

宋代浑仪也注意到精度方面的改良。如窥管孔径的缩小，降低人目移动所造成的误差，并调整仪器安装的水平和极轴的准确，降低系统误差。

当时发明的转仪钟装置和活动屋顶，成为我国天文仪器史上两大重要发明。

宋代浑仪已是环圈层层环抱的重器，它在天文测量和编历工作中起了很大的作用，但也渐渐显示了多重环圈的弊病：安装和调整不易，遮蔽天空渐多，使许多天区成为死区不能观测。因此，宋代后已在酝酿浑仪的重大改革，这是元代简仪的创制。

要追踪历代浑仪的下落是件不容易的事。

木制的当然不易保存下来，即使是铜铁铸的也因年久湮灭和战乱毁坏不存。

宋代浑仪的遭遇要复杂些，北宋为金所灭，开封的五大浑仪全被虏至金的都城中都，运输过程中损坏的部件均被丢弃，浑仪被置于金的候台上，但因开封和北京纬度差达4度，观测时需作修正。

金章宗时，有一年雷雨狂风使候台裂毁，造成浑仪滚落台下，后经修理复置于台上。

北方蒙古族南下攻金，金王室仓皇出逃，宋代浑仪搬运困难，只好放弃而去，宋代仪器再次受到毁坏。至1271年，宋代浑仪只有天文学家周琮等人所造的一架还有线索，其他的都已不明。

北宋亡后，宋高宗南渡，曾经在杭州铸造过两三台小型浑仪，置于太史局、钟鼓院和宫中，但下落均不明。

明朝建都南京后，将北京的宋元代浑仪运至南京鸡鸣山设观象台，随后铸浑仪。明成祖朱棣迁都北京后仪器并未运回北京，而是派人去南京做成木模到北京来铸造，1437年铸成，置于明观象台上，即现在的北京古观象台。

清代康熙年间，钦天监请将南京郭守敬所造仪器运回北京。当时有人在观象台下见到许多元制简仪、仰仪诸器，都有王恂、郭守敬监造的签名。

1715年，欧洲传教士纪理安提出铸造地平经纬仪，将元明时期旧仪除明代制简仪、浑仪、天体仪外，尽皆熔化充作废铜使用，遂使元明时期旧仪不复留存。

至于宋元明时期旧仪的下落还有待进一步研究和发现。目前陈列在北京古观象台上的仪器为清代铸造，而在南京紫金山天文台上的浑

仪、简仪则是明代仿制的宋元时期旧仪。

简仪的创制是在1279年由元代天文学家郭守敬负责的，现存于紫金山天文台的简仪为明代正统年间的复制品，郭守敬原器已毁。因其简化了浑仪的环圈重叠体系，又将赤道坐标与地平坐标分开，不遮掩天空，观测简便，故后人以此作为简仪名称之由来。

郭守敬创制的简仪，就其结构来说是一个含有4架简单仪器的复合仪器，或许称复仪更为合适。

4架仪器中的主要部分是一架赤道经纬仪，可算是传统浑仪的简化。它只有四游环、赤道环和百刻环，而后两环重叠在一起置于四游环的南端，使四游环上方无任何规环遮掩，一览无余。

在赤道和百刻两环之间安装有4个铜圆柱，起滚动轴承的作用，这一发明早于西方200年之久。但这4个铜圆柱在明代复制品中没有。

4架仪器中的另一部分是地平经纬仪，又称"立运仪"，就是直立着运转的仪器。这也是新创造的，可以测量天体的地平经纬度。

地平经纬仪只有两个环，一个地平环，水平放置；在地平环中心垂直立一个立运环，窥衡附于其上，起四游环的作用。

4架仪器中的其他两部分是候极仪和正方案。候极仪装于赤道经纬仪的北部支架上，以观北极星校准仪器的极轴，使安装准确。正方案置于南部底座上，它既可以携带走单独使用，在这里也可以校准仪器安装的方位准确性。

现存简仪上正方案的位置在明末清初换上了平面日晷。

在《元史·天文志》里列举郭守敬创制的仪器名称，首先就是简仪，而立运仪、候极仪、正方案的名称又另外列出，可见郭守敬所指的简仪就是单指其中的赤道经纬仪。

当时既无这一名称，它又同传统的浑仪形状不同，考其作用正如浑仪，结构比浑仪简化。因此郭守敬称其简仪也是合理的。

拓展阅读

郭守敬在天文历法方面作出了卓越的贡献。

在邢台县的北郊，有一座石桥。金元战争使这座桥的桥身陷在泥淖里，日子一久，竟没有人能够说清它的所在了。郭守敬查勘了河道上下游的地形，对旧桥基就有了一个估计。根据他的指点，居然一下子就挖出了这久被埋没的桥基。石桥修复后，当时元代著名文学家元好问还特意为此写过一篇碑文。

演示天象的仪器浑象

浑象也称"浑天象"或"浑天仪",甚至称为"浑仪",很容易与用于观测的浑仪互相混淆。

浑象是古代根据浑天说用来演示天体在天球上视运动及测量黄赤道坐标差的仪器。

浑象最初是在西汉时由大司农中丞耿寿昌创制的。

到东汉张衡创制水运浑象,对后世浑象的制造影响很大。

浑象是仿真天体运行的仪器，是天文学上很有用的发明。它把太阳、月球、二十八宿等天体以及赤道和黄道都绘制在一个圆球面上，能使人不受时间限制，随时了解当时的天象。

通过浑象的演示，白天可以看到当时在天空中看不到的星星和月亮，而且位置不差；阴天和夜晚也能看到太阳所在的位置。用它能表演太阳、月球以及其他星象东升和西落的时刻、方位，还能形象地说明夏天白天长，冬天黑夜长的道理等。

据西汉时期文学家扬雄所著《法言·重黎》中说的"耿中丞象之"，可知汉宣帝时大司农中丞耿寿昌制造了一个浑象，模拟浑天的运动情况。

浑象的球面绘有赤道，按照实际观测的结果，把天空的星体标在球面对应的位置上。

后来张衡发明了第一架由水力推动齿轮运转的浑象，能自动演示星体的升起、落下，并配有漏壶作为定时器，叫"漏水转浑天仪"，即水运浑象。只要将张衡的水运浑象放在屋子里，就可以知道外面的天象，在白天也可以知道什么星到了南中天。

水运浑象在当时确是一项了不起的创造。这一贡献开创了后代制造自动旋转仪器的先声，导致了机械计时器即钟表的发明，对世界文明的发展影响深远。

浑象的基本形状是一个大圆球，象征天球，大圆球上布满星辰，画有南北极、黄赤道、恒显圈、恒隐圈、二十八宿、银河等，另有转动轴以供旋转。还有象征地平的圈或框，有象征地体的块。

由于大圆球的转动带动星辰也转，在地平以上的部分就是可见到的天象了。

在耿寿昌和张衡之后，各种尺寸的浑象几乎各代都有制造，但有的是不能自动旋转的，有的则仿照张衡的做法，用漏水的动力使浑象随天球同步旋转。

而这后一类自动浑象在唐和北宋时期得到了长足的发展，其中重要的是一行、梁令瓒和张思训、苏颂、韩公廉等人的创造性工作。

唐代一行和梁令瓒在723年制成了开元水运浑天俯视图，或开元水运浑天，首次将自动旋转的浑象同计时系统综合于一体，设两木人按辰和刻打钟击鼓。

沿着这一想法，北宋天文学家张思训于979年做了一台大型的太平浑仪，名称"浑仪"，实际上是一个自动运转的浑象。

太平浑仪做成楼阁状，有12个木人手持指示时间的时辰牌到时出来报时，同时有铃、钟、鼓3种音响。该仪以水银为动力，

因其流动比水稳定，启动力量也大。

后来，宋代天文学家、天文机械制造家苏颂和天文仪器制造家韩公廉又建成了约12米高的水运仪象台，将浑仪、浑象、计时系统综合于一身，达到了自动浑象制造的顶峰。

浑象的研制到了元代有新的发展，郭守敬以他的创造性才能使浑象出现了新的面貌和用途。

在郭守敬为编制《授时历》和建设元大都天文台而创制的仪器中有一架浑象，半隐柜中，半出柜上，其制作类似前代。

郭守敬还制作了一件前所未有的玲珑仪。关于此仪，所留资料不多，致使研究者产生两种不同的看法，一种认为是假天仪式的浑象；另一种则认为是浑仪。

持不同意见的双方主要都是依据郭守敬的下属杨桓所写的《玲珑仪铭》。

该铭文中有对这件仪器的形状和性质的描述：

> 天文学家制成仪象，各有各的用途，而集多种用途于一身的只有玲珑仪，该仪表面沿经纬线均匀分布有10万多孔，按规律准确地与天球相符。

整个仪体虚空透亮里外可见。虽然星宿密布于天，不计其数，但它们都有入宿度和去极度，只要利用该仪从里面窥看，即刻可以明白。古代贤者很多，但这种仪器尚未发明，直至元代，才首次做出来。

根据这一段描述可以清楚地感觉到，玲珑仪就是具有浑象之外形又有浑仪之用途的新式仪器。这也就是说，玲珑仪既不是假天仪，也不是浑仪，它就是玲珑仪。

元明时期以前的历代浑象均未能保存下来，现在北京古观象台和南京紫金山天文台的浑象都是清代制造的。

我国古代演示天象的仪器浑象与天球仪在基本结构上是完全一致的。陈列在北京古观象台上的清代铜制天球仪，铸造于1673年，直径两米，球上有恒星1000多颗，是以三垣二十八宿来划分的。

此仪采用透明塑胶制作，标志完全，内部为地球模型，便于理解天球的概念。利用它来表述天球的各种坐标、天体的视运动以及求解一些实用的天文问题。

拓展阅读

古代人测量天体之间的距离，最基本的方法是三角视差法。比如测定恒星的距离其最基本的方法就是三角视差法。

测定恒星距离时，先测得地球轨道半长径在恒星处的张角，也叫周年视差，再经过简单的运算，即可求出恒星的距离。这是测定距离最直接的方法。

对大多数恒星来说，张角太小，无法测准。所以测定恒星距离常使用一些间接的方法，如分光视差法、星团视差法、统计视差法等。这些间接的方法都是以三角视差法为基础的。

功能非凡的候风地动仪

候风地动仪是我国东汉时期天文学家张衡于132年制成的。此地动仪用精铜制成，外形像一个大型酒樽，里面有精巧的结构。如果发生较强的地震，它便可知道地震发生的时间和方向。

候风地动仪是世界上第一架测验地震的仪器，功能非凡。在我国科学史上，没有什么比候风地动仪更为引人注目。

候风地动仪是我国东汉时期天文学家张衡创制的，用于测知地震的时间和方位。

《后汉书·张衡传》详细记载了张衡的这一发明：候风地动仪用精铜制成，形如酒樽，内部结构精巧，主要为中间的都柱和它周围的8组形如蟾蜍的机械装置。都柱相当于一种倒立型的震摆。

在候风地动仪外面相应地设置8条口含小铜珠的龙，每个龙头下面都有一只蟾蜍张口向上。如果发生较强的地震，都柱因受到震动而失去平衡，这样就会触动8道中的一道，使相应的龙口张开，小铜珠即落入蟾蜍口中，由此便可知道地震发生的时间和方向。

从《后汉书·张衡传》的记载来看，候风地动仪应为一件仪器，而不是两件。张衡通过自己巧妙的设计，使地震时仪体与"都柱"之间产生相对运动，利用这一运动触发仪内机关，从而将地震报出。

张衡创制的地动仪不仅在古代具有重要影响，也使现代研究者产生了极大兴趣，很多人就其对地震的反应机制和内部结构提出不同的设想。

从现代地震学知识来看，地震过程复杂多变，前震后震强弱不同，方向也相异，要寻找震源只可能从多个台站的记录依时间差推算，这在古代是不可能的。

但是张衡的地动仪在设计中的确考虑了方向因素，"寻其方面，乃知震之所在"，就反映了这一点。这也并非完全不可能。

如果候风地动仪做到了感知一二级的微震，它应对远处震中传来的初波也就是P波敏感。初波的地面移动方向与震源方向一致，是纵向波，所以龙吐丸的方位应能显示一定量的方向信息。

当然，这并非绝对，因为地动仪的灵敏度也会有一定限制。当地震的前锋纵波不够强时，地动仪可能会对之无动于衷，但后继横波却有可能把铜丸震落，这样落丸方向与震源就没什么关系了。由此，张衡的地动仪对于烈度为三级的弱震，是可以测报出来的。

张衡地动仪的工作原理主要是以古代"候气"的理论，即"葭灰占律"的方式，所以称之为"候风地动仪"。

在选定的位置深埋入地一大柱，像远古人们建房时的草房的中心柱，这个柱子用来感应地震波。为了避免地面环境对"都柱"的影响，在适当的深度把柱周围掏空，或者先掘土井，然后将大柱埋入压实，距离地面相当距离使柱体与井壁分离，避免来自地面影响对"都柱"的干扰。

柱顶收缩为一个有凹面或空心管的顶端。在顶端凹面或空心管上置一铜球，铜球直径和顶端凹面或空心管直径可以根据灵敏度需要制订，这就克服了"倒立柱"制作中摩擦系数的难题。

都柱顶端放置铜球，犹如旗杆顶端的装饰圆球。在"都柱"开始收缩的地方，按东、南、西、北、东南、西北、西南、东北8个方向伸出8条轨道。

当埋入地下的都柱感受到地震波在地层中传播时，会使都柱产生相应的位移。

都柱受力位移，位于都柱顶端的铜球偏离重心，向力量来源相反方向脱落，都柱四旁8条伸向不同方向的轨道之一承接并导引向相应方位，触动龙口机关，龙口所含铜珠吐出，从而判定地震来源方向。

综上所述，张衡创制的候风地动仪，是我国古代侦测地震的仪器，也是世界最早的地震仪，它并不能预测地震，其作用只是遥测地震时间和方向。

候风地动仪在当代研究者中产生了广泛影响，有许多人根据自己体悟的方法，各自复制不同的地动仪。可见其影响之深远。

拓展阅读

张衡一生做了很多的事情，但最有名的发明就是"候风地动仪"了。

138年2月的一天，地动仪正对西方的龙嘴突然张开来，吐出了铜球，这是报告西部发生了地震。可是，那天洛阳一点地震的迹象也没有，更没有听说附近有什么地方发生了地震。于是，朝廷上下都议论纷纷，说张衡的地动仪是骗人的玩意儿。

过了没几天，有人骑着快马来向朝廷报告，离洛阳500多千米的金城、陇西一带发生了大地震，连山都崩塌下来的。大伙儿这才真正地信服了。

大型综合仪器水运仪象台

水运仪象台是我国古代一种大型的综合性天文仪器，由宋代天文学家苏颂等人创建。它是集观测天象的浑仪、演示天象的浑象、计量时间的漏刻和报告时刻的机械装置于一体的综合性观测仪器，实际上是一座小型的天文台。

水运仪象台的制造水平在世界范围内堪称一绝，充分体现了我国古代人民的聪明才智和富于创造的精神。

苏颂领导天文仪器制造工作是从1086年受诏定夺新旧浑仪开始的。这个机构的组成人员都是经过他的寻访调查或亲自考核，而确定下来的。

苏颂接受这项科技工作后，首先是四处走访，寻觅人才。他发现了吏部令史韩公廉通《九章算术》，而且晓天文、历法，立即奏请调来专门从事天文仪器的研制工作。

苏颂又走出汴京到外地查访，发现了在仪器制造方面学有专长的寿州州学教授王沇之，奏调他"专监造作，兼管收支官物"。

接着，苏颂又考核太史局和天文机构的原工作人员，选出夏官、秋官、冬官协助韩公廉工作。

苏颂发现人才后，还进一步放在实践中加以考察。例如调来韩公廉后，他经常与韩公廉讨论天文、历法和仪器制造。

苏颂向韩公廉建议，可否以张衡、一行、梁令瓒、张思训格式依仿制造，韩公廉很是赞同。于是，苏颂让韩公廉写出书面材料。不久，韩公廉写出《九章勾股测验浑天书》一卷。

苏颂详阅后，命韩公廉研制模型。韩公廉又造出木样机轮一座。苏颂对这个木样机轮进行严格实验，然后奏报皇帝，并亲赴校验。

苏颂对研制工作是慎之又慎的。他认为，有了书，做了模型还不一定可靠，还必须做实际的天文观测，才能进一步向前推进，以免浪费国家资财。后来，通过对木样机轮的反复校验，确定与天道参合不差，这才开始正式用铜制造新仪。

在著名科学家苏颂的倡议和领导下，经过3年4个月的工作，1088年，一座杰出的天文计时仪器水运仪象台，在当时的京城开封制成。水运仪象台的构思广泛吸收了以前各家仪器的优点，尤其是吸取了北宋时期天文学家张思训所改进的自动报时装置的长处。

在机械结构方面，采用了民间使用的水车、筒车、桔槔、凸轮和天平秤杆等机械原理，把观测、演示和报时设备集中起来，组成了一个整体，成为一部自动化的天文台。根据《新仪象法要》记载，水运仪象台是一座底为正方形、下宽上窄略有收分的木结构建筑，高约12米，底宽约7米，共分为三大层。

上层是一个露天的平台，设有浑仪一座，用龙柱支持，下面有水槽以定水平。浑仪上面覆盖遮蔽日晒雨淋的木板顶，为了便于观测，屋顶可以随意开闭，构思比较巧妙。露台到仪象台的台基有7米多高。

中层是一间没有窗户的"密室"，里面放置浑象。天球的一半隐没在"地平"之下；另一半露在"地平"的上面，靠机轮带动旋转，一昼夜转动一圈，真实地再现了星辰的起落等天象的变化。

下层设有向南打开的大门，门里装有5层木阁，木阁后面是机械传动系统。

第一层木阁又名"正衙钟鼓楼"，负责全台的标准报时。木阁设有3个小门。至每个时辰的时初，就有一个穿红衣服的木人在左门里摇铃；每逢时正，有一个穿紫色衣服的木人在右门里敲钟；每过一刻钟，一个穿绿衣的木人在中门击鼓。

第二层木阁可以报告12个时辰的时初、时正名称，相当于现代时钟的时针表盘。这一层的机轮边有24个司辰木人，手拿时辰牌，牌面依次写着子初、子正、丑初、丑正等。每逢时初和时正，司辰木人按时在木阁门前出现。

第三层木阁专刻报的时间。共有96个司辰木人，其中有24个木人报时初、时正，其余木人报刻。比如子正的和丑初的初刻、二刻、三刻等。

第四层木阁报告晚上的时刻。木人可以根据四季的不同击钲报更数。

第五层木阁装置有38个木人，木人位置可以随着节气的变更，报告昏、晓、日出及几更等详细情况。5层木阁里的木人能表演出准确的报时动作，是靠一套复杂的机械装置"昼夜轮机"带动的。而整个机械轮系的运转依靠水的恒定流量，推动水轮做间歇运动，带动仪器转动，因而命名为"水运仪象台"。

苏颂主持创制的水运仪象台是当时我国杰出的天文仪器，也是世界上最古老的天文钟。国际上对水运仪象台的设计给予了高度评价，认为水运仪象台为了观测上的方便，设计了活动屋顶，是现在天文台活动圆顶的祖先。

李约瑟在深入研究水运仪象台之后，曾改变了他过去的一些观点。他在《中国

科学技术史》中说:

> 我们借此机会声明,我们以前关于"钟表装置……完全是14世纪早期欧洲的发明"的说法是错误的。使用轴叶擒纵器重力传动机械时钟是14世纪在欧洲发明的。可是,在中国许多世纪之前,就已有了装有另一种擒纵器的水力传动机械时钟。

浑象一昼夜自转一圈,不仅形象地演示了天象的变化,也是现代天文台的跟踪器械转仪钟的祖先;水运仪象台中首创的擒纵器机构是后世钟表的关键部件,因此它又是钟表的祖先。

从水运仪象台可以看出,我国古代力学知识的应用已经达到了相当高的水平。

拓展阅读

水运仪象台完成后,苏颂又在翰林学士许将的提议及家藏小样的启发下,决定制造一种人能进入其内部观察的仪器,仪器的具体推算设计由韩公廉负责。

此仪象经数年制作而成,它的天球直径有一人高,其结构可能为竹制,上面糊以绢纸。球面上相应于天上星辰的位置处凿了一个个小孔,人在里面就能看到点点光亮,仿佛夜空中的星星一般。

当悬坐球内扳动枢轴,使球体转动时,就可以形象地看到星宿的出没运行。这是我国历史上第一架记载明确的假天仪。